書山有路勤為徑
學海無涯苦作舟

書山有路勤為徑
學海無涯苦作舟

從菜鳥
變老鳥
畢業5年決定
你一生的成敗
畢業後五年內的成長
是你第一次的職場進化
是從菜鳥變老鳥的蛻變
這將會影響到你未來十年
甚至一輩子在職場的命運
胡剛
編著

序言 沒有不合理的職場，只有不合宜的心態

中國人從小就被教育——「好好讀書，長大了之後才能有出息」，這裡的「有出息」之類的期望，通俗來說，多數就是指擁有一份理想的職業，同時從這份職業中我們能夠獲得相應的社會地位。

我們多數人都要經歷工作上班，成為一個職場人士這一關，因為，一份工作不僅意味著我們從此以後能夠有獨立的經濟來源，同時，更是象徵著我們從此以後在這個社會上所承擔的壓力，在一個企業裡所承受的責任。這些「擔子」勢必是痛苦的，但是正是因為這些「痛苦」，我們才能擁有生而為人的存在感和價值感。

真正會工作的人，永遠明白一個道理——工作不單純只是錢的事，它有更多更深刻的含義。就像新東方集團總裁俞敏洪曾經說過的——「一個人與其有錢，不如讓自己變得值錢。值錢的人才能體會到什麼叫成就感。對於一個追求有意義的人生的人來說，成就感至關重要……如果一個人的錢是靠自己賺來的，那不管賺多少他都會有成就感，而且只要來路正，錢

越多，成就感會越大。」

所以，職場的尊嚴也是一個人生的問題。

但是，現在職場上逐漸出現了許多的問題，不是具體的工作上的，而是一種職場人士普遍存在的共性瓶頸，或許，我們該說，是職場人現在遭遇著的各種各樣的心態壁壘和心理危機。

職場這個領域本身是沒有絕對的是非好壞，很多事情其實全在我們自己的內心。一念之間的不同，往往就是兩個截然的世界。關鍵就在於我們是否能夠在這個速食化的速度都市裡，自主尋找一份沉寂的良久的思考！

地產教父王石曾經說過，「我想浮躁心態（是）現在普遍的一種存在，恨不得今天讀一本書明天能馬上見效，上午一句什麼警句下午馬上一說出去就可以得到大家的賞識，太浮躁。這是我想說的，年輕人急於求成。當然我得首先批判自己，不批判自己，別人會說，你不急躁，就我們急躁，其實，我也有急躁的時候。」

浮躁、急功近利、抑鬱、易怒、煩惱、怨恨等負面行為和情緒逐漸讓職場人遭遇著瀕臨不健康的危機，工作的幸福感降低了、工作效率降低了、工作前景迷茫了、工作價值迷失了……我們茫然、疲勞、不知所措，所以仍舊繁忙，多數人卻不知道自己到底為什麼而忙了。

工作的意義和價值在哪兒呢？我們怎樣從職業中獲取幸福感呢？職場的人際交往怎樣進行才合適呢？我們要怎樣才能在職業奮鬥上獲得肯定呢？我們要如何才能做一個「工作著，卻不僅僅只是工作的人」呢？……

這是對自身特性具有了充分認知之後，才能進行的有效管理。這不僅僅只是在理清自己的職業發展之路，更多的是一種對事業、對人生、對整個身心狀態的全方位完善。

市場上已經有足夠多的員工培訓書，同時還有不計其數的職場技巧「寶典」。但是，這裡我們更大程度上，是去為將要或者已經迷失的職場人士道明職場的本質，從我們自身的特性、特點、優劣等方面去觀照職場，而不是從職場層面提出技巧性的手段，我們更多解決的是自己與職場的互動問題，更深的心理層面，更強的治癒效果。一句能夠震撼人心的原則和道理，遠遠比提供一個簡單的應對方式要來得有用。

我們從心靈的角度來給大家提供釣大魚的原則和手藝，而不是只給大家一桶魚！這樣，即使在工作上有再大困難和障礙，我們都能夠成為自己的心理醫師，做自己的拯救者！

目 contents 錄

目 contents 錄

目 contents 錄

開扇窗為職場解壓 235

第一章

畢了業，你就不再是學生了

面對職場，你準備好了嗎

究竟是從0到1的距離遠，還是從1到1千的距離更遠？

就數字上來看，自然是1到1千的距離更遠，但現實生活中卻是相反的結果，從0到1的距離遠遠超過了從1到1千的距離。許多人之所以不能成功，往往是因為他們在門外徘徊太久。他們不懂得，不管做任何事，勇於開始最為重要。

於是，我們的問題有了答案：只要你想，感覺差不多，那就去做，別在起點上耽擱。人生是短暫的，要做就得立即做。早一點兒動手，就早一點兒起步，早一點兒向成功邁進。

所以，找到一份心儀的好工作，不是拖延出來的，更不是等待出來的，而是建立在準備基礎上的主動進發。

大部分人在年輕的時候，還是很有闖勁的，敢於去做各種各樣的嘗試，希望能夠從中找到自己真正想做的事情和想爭取的東西，可是在這種嘗試的同時，必然會有一些失敗，會有一些挫折，有時還會伴隨別人的冷言冷語、譏諷嘲弄。這樣的打擊經歷多了，很多人就再也難以鼓起勇氣開始下一次嘗試，乾脆就停了下來，日子原本是什麼樣，就什麼樣吧，懶得再去折騰，再去嘗試了。平庸就是這樣產生的，真正的失敗不是嘗試之後失敗了，而是根本就不敢去嘗試。

從學生變成社會人，找工作是必然的階段，而我們一定要保持好充足的幹勁，為那份不久的事業做好心理準備。為不久於自己的職場，為不久於職場的艱辛，為不久於艱辛的成長，為不久於成長的事業！

我們要對找工作做好如下的準備：首先，要調整好自己的心態，如果對業務還不熟悉，對自己所在的行業沒有足夠的瞭解，最好多做事、少說話。其次，要把手邊的每一件事都幹好，只有任勞任怨，堅持從這些小事做起，才能讓上司和同事看到你對待工作和環境的態度。再次，要時刻保持空杯心態。謙卑的人更容易被人接受，從而快速融入新環境，工作也會逐漸進入狀態，這樣一來，很多情緒上的問題也就迎刃而解了。

我們總說機會是留給有準備的人，掌握趨勢和把握資訊是發現機遇的先決條件，這一點有如下棋，機會來了大膽出擊，走好了第一步才有第二步，路子才會越來越寬。有時還需要創造機會，「有準備的頭腦」才能把握和創造機遇。主動才能贏得時間和先機，才能在機遇到來之時，胸有成竹，待時而動，運籌帷幄，決勝千里。

穩中不一定能取勝

許多年輕人在求職過程中，往往表現出「過度求穩」的趨勢。「過度求穩」與「國考熱」、「國企熱」反映的是年輕人的一種理性心態。然而，這種選擇若成為一種思維定勢，那麼我們的生活多了一份穩健，卻少了一份熱情。它會使我們失去更好釋放自身才智的機會，尤其在中國這個充滿著機遇的變革和發展時期。過度求穩會抑制了我們年輕人的衝勁，錯失掉「發熱發亮」的機會。

我們當中確實存在不少這樣的人——在自己內心不甘於穩定，想出來闖與取得穩定工作之間猶豫。事業單位、國企與民營企業、外企的工作本質差別造就了各自在職場中不同的風險和收入定位，很多人在外闖蕩了一兩年後燒盡了當初的熱情，轉而尋找相對穩定，收入也不會大起大伏的工作，但自己未必能真正適合穩定的工作；不少人穩定多年後又想跳出，卻又備受限制的工作圈子。無論是怎樣的選擇，之後有成功，有失敗，不管結果如何，當初的選擇決定了現在的出路。想飛出籠子的鳥即使當初是出於好奇進了籠子，牠還是會想辦法打開鳥籠的。

面臨嚴峻的就業壓力，我們在求職過程中，表現出過度求穩的趨勢也在所難免。

「父母擇業」更是引發體制內就業潮流。大學生擇業時「全家總動員」的現象越來越常見，父母對於子女選擇職業的意見往往產生決定性作用。父輩普遍認為公務員、國營事業單位地位較高、生活穩定，而民營企業社會地位較低、創業則風險過大，因此更期望子女在體制內就業。誠然，安穩的生活和工作絕對適合年長的前輩，他們經過大半輩子的拚搏與奮鬥，換來了後半人生的舒適，這是理所當然的。但作為年輕的我們，追求安穩並不是我們最好的選擇，至少不是我們現在的選擇。

好的單位確實有其吸引人的優勢，相對優越的辦公環境、優厚的福利待遇、完備的規章制度、較高的社會地位及品牌想像，對個人職場生涯提供了優越的條件，尤其在就業形勢如此嚴峻的環境下，找一份好工作不容易，進一家好單位更是難上加難。然而，當光環與安逸的籠罩下，我們不得不思考，我們是否就這樣平穩度過一生，我們是否不需要實現自己的人生價值。

假如我們過早追求安穩，換來的是長期的穩健與舒適，卻失去青春與熱情，消磨一生中最美好的時光，提早進入年輕人不應該過的安逸生活。當時間悄然離去的時候，你會發現自己沒有以前活躍了，思維遲鈍了，變得不善言辭，變得不愛思考，周圍發生的一切都彷彿與自己無關，世界變得狹小了，彷彿只有自己。

當年老的時候，我們回首人生，難免會對當初的選擇後悔不已，要是我們多一份熱情，多一份拚搏，多一份行動，也許就不一樣了。或許僅僅是一次體制內外的選擇，人生從此改變了。

如果把我們的潛力比喻為本金，手持鉅款的我們應該如何進行投資？我們可以選擇一個安穩並且能一直養活到老的工作，那麼手上的資本也就如細水長流般賺取它的利潤，需要的時間長並且不會有很大的突破，保證讓你過上溫飽的生活。我們也可以選擇具有挑戰性的工作，也許沒有安逸舒適的生活，卻為我們提供了廣闊的發展平臺，我們的潛能得到最大的鍛鍊與發揮。經過一定時間的累積，我們的奮鬥，我們的拚搏，一定能賺取讓我們滿意的價值，甚至是意想不到的驚喜。這時候，手上的資本也就會實現利潤最大化。年輕最好的選擇，就是把握這個黃金階段。

靠爸不如靠自己

很多人在進入社會後，要嘛因為家庭條件比較好，要嘛因為職業發展比較順，很快就得到了物質上的滿足，要嘛經不起挫折而消磨意志。於是，他們把大量時間都放在吃喝玩樂上，結果，肚子喝鼓了，身體玩垮了，腦子樂傻了，初生牛犢不怕虎的闖勁也沒了，不願意再去冒險了。要知道，滿足現狀是最大的陷阱，人生最大的冒險，就是沒有任何冒險。一個人如果在青年時無聊，那麼中年就會無事，老年就會無奈。電視劇《士兵突擊》裡那句話說得真好：「你現在混日子，小心將來日子混了你。」

為了獲得更好的生活，生存的風險應該由我們自己承擔，即使失敗了也無可厚非。但可惜的是，我們當中確實存在這麼一部分人，他們大多數從小就已經過慣了養尊處優的日子；

從骨子裡就缺乏競爭意識；對責任心、勤儉節約的意識更是淡漠非常。再加上父母對其的百般寵愛和依順，使他們變成心理上「還沒斷奶」的成年人，不要說闖勁了，連基本的生存技能都缺乏，在面對挫折時總是習慣性地選擇逃避，無可避免地成為「啃老」的社會寄生蟲。

我們當中有這麼一群「頑抗分子」，不甘心「蝸居」，不甘心庸碌一輩子，不甘心安逸一輩子，不甘心怨恨一輩子，所以我們開始向擁有一套屬於自己的房子向生活宣戰了，向開創自己一番事業而宣戰了，向我們美好的生活而宣戰了。這些積極向上、艱苦奮鬥的年輕人被大眾稱為「麥兜族」。

麥兜是動畫片《麥兜的故事》一隻平凡的、肥嘟嘟的小豬，它沒有值得炫耀的家境，也沒有聰明過人的才智，但它卻並未因此而煩惱，做事腳踏實地、是個十足的樂天派，過著簡單而快樂的小日子，為實現自己的理想而努力，為尋找屬於自己的生活天地而拚搏。我們也可以像麥兜一樣，腳踏實地地活著。

愛拚才會贏，人生在世靠的就是這麼一股不服輸的拚搏精神，生活要拚，事業要拚……無論遇到什麼難題，只要咬緊牙關拚一拚，總會「守得雲開見月明」的。

一般人處於逆境的時候，或是碰到沮喪的事情的時候，或是處於充滿兇險的境地的時候，往往會讓恐懼、懷疑、失望等情緒不受自己意志的控制，甚至喪失了自己的意志，使自己多年以來的所有努力和理想計畫毀於一旦。因此，對一般人來說，應該注意在困境中有意識地挖掘、培養意志力，只有這樣做了，心中負面的情緒才會離你而去，而那快樂的陽光將映照你一生。

每隔一段時間，總有人從百老匯大排長龍的求職大軍中脫穎而出，然後又風靡百老匯。但是風靡百老匯不是一朝一夕就可以做到的。只有在一個人遭受拒絕之後並不從此甘休，百折不撓，百老匯才會最終接納並用金錢回報其天賦和才華。於是我們發現了征服百老匯以及追求事業成功的秘訣，這個秘訣就是堅強的意志力。

職場生涯是一場體育比賽

職業生涯就像一場體育比賽，有初賽、複賽、決賽。初賽的時候大家都剛剛進社會，大多數都是實力一般的人，這時候努力一點認真一點很快就能讓人脫穎而出，於是有的人二十多歲做了經理，有的人遲些也終於贏得了初賽，三十多歲成了經理。然後是複賽，能參加複賽的都是贏得初賽的，每個人都有些能耐，在聰明才智上都不成問題，這個時候再想要勝出就不那麼容易了，單靠一點點努力和認真還不夠，要有很強的堅忍精神，要懂得靠團隊的力量，要懂得收服人心，要有長遠的眼光……

每一個「賽季」都有一個賽季的特點，所以，在每一個階段裡，都需要我們按部就班得一步一步設計規劃好，因為我們的眼光只有立足未來，才能真正地長久地走下去。

社會現實告訴我們，即使是一流企業的正式員工，如果能力不行的話也有可能被解雇；即使是大企業，也有可能在一夜之間被外資併購。現在，就是這樣一個競爭無處不在、優勝劣汰的社會。所以，如果在以前，沒有什麼夢想，不知道自己將來想成為什麼樣子還不算什麼大問題的話，那麼在現在瞬息萬變的時代，如果我們沒有絲毫危機意識、不提前意識到數年後的事並為自己的未來早做打算的人，很有可能被殘酷的社會所淘汰。

有的時候，我們即使定下了30歲後要成為大學教授，或者要在現在的公司出人頭地之類的目標，但對於到底要如何才能與自己的夢想接近，需要付出哪些行動，克服哪些困難才能順利攀登上眼前的山峰，可能依舊茫然。在這種情況下，尤其要學會化整為零，將較長遠、較宏大的目標具體擴散開來，一步步分解成為「一年以後要做什麼」、「三年之後能達到怎樣的程度」，這樣清晰的、可執行的短期目標，並時刻忠於你腦子裡的想法，將之記錄下來。這將是我們實現中期計畫、長期計畫的明確道路。

在現代社會就業壓力不斷增大的情況下，職業規劃往往是最迫切的，也正因為社會對人才需求的不斷增加，我們就必須不斷調整自己。我們的職業規劃是多方面、多層次的，很難一步到位地全部實現，但可以分步驟實施，等職業發展到具備相當的實力之後，再進行職業調整和提升，最終把職業與愛好統一起來。當然，前提是你得準確為自己做好職業規劃。

規劃的基本前提是基於對自我的認識，知道自己的優勢、劣勢，知道自己的欲望底線。只有這樣，你才能做出科學的職業規劃，才知道自己最想從事的行業是什麼，最能把握的職位是什麼。

很多學生大四畢業時還不知道自己要找什麼工作，適合什麼工作。最後找工作時投簡歷只是漫天撒網，沒有目標，不知道自己確定要去哪個公司，做什麼；只是學姜太公釣魚，碰運氣而已。為什麼大學四年後，我們就像無頭蒼蠅似的找不到適合自己的方向？其實職業規劃要從大一開始，而不只是大四畢業時，臨時抱佛腳，盲目確定方向，結果自己不具備足夠的能力去抓住機會，最後總是四處碰壁。所以，作為大一新生，在享受大學的新鮮的同時，一定要給自己制定合理的職業規劃作為四年的學習指導，避免畢業時的迷茫。

中華英才網總裁張建國認為，也許剛剛入學就開始準備就業，準備考研，準備出國的確太早，因為計畫趕不上變化，但是一個科學的大的發展方向上的規劃對大學生來說還是非常必要的。因此，對於我們，職業規劃並不是要把我們今後的每一步都做出計畫，而是從觀念上大一就要對現實有所認識，並在行動上進行有針對性的學習與鍛鍊。

職業生涯規劃的核心內容可以簡要概括為六個字：知己、知彼、決策。

哈佛大學曾對一群智力、學歷、環境等客觀條件都差不多的年輕人，做過一個長達25年的追蹤調查，調查內容為目標對人生的影響，結果發現：27％的人，沒有目標；60％的人，目標模糊；10％的人，有清晰但比較短期的目標；3％的人，有清晰且長期的目標。25年後，這些調查對象的生活狀況如下：3％有清晰且長遠目標的人，25年來幾乎都不曾更改過自己的人生目標，並向實現目標做著不懈的努力。25年後，他們幾乎都成了社會各界頂尖的成功人士，他們中不乏白手創業者、行業領袖、社會菁英。那些沒有人生目標的人，幾乎都生活在社會的最底層。10％有清晰短期目標者，大都生活在社會的中上層。他們的共同特徵是：那些短期目標不斷得以實現，生活水準穩步上升，成為各行各業不可或缺的專業人士，如醫生、律師、工程師、高級主管等。60%目標模糊的人，幾乎都生活在社會的中下層面，能安穩地工作與生活，但都沒有什麼特別的成績。餘下27%的那些沒有目標的人，幾乎都生活在社會的最底層，生活狀況很不如意，經常處於失業狀態，靠社會救濟，並且時常抱怨他人、社會、世界。

調查者因此得出結論：目標對人生有巨大的導向性作用。成功，在一開始僅僅是一種選擇，你選擇什麼樣的目標，就會有什麼樣的人生。

當工作在生存與興趣中掙扎

羅素說過，他的人生目標就是「我之所愛為我天職」，他要把生活中最感興趣的事作為其終身職業，這的確是個值得效仿的好方法。同樣的，對於我們來說，在擇業之前，先要問清楚自己，興趣在哪裡？所謂興趣，是指一個人力求認識某種事物或愛好某種活動的心理傾向，這種心理傾向是和一定的情感聯繫著的。一個人如果能根據自己的興趣去設定事業的目標，他的積極性將會得到充分發揮，即使在工作中嘗盡了艱辛，也總是興致勃勃、心情愉快；即使困難重重也絕不灰心喪氣，而能想盡一切辦法，百折不撓地去克服它，甚至廢寢忘食，如醉如癡。

你自身有哪些優勢，你瞭解嗎？才幹、能力、技藝與你的人格特質，這些都是你的自身優勢，這些優勢不僅讓你得到一定回報，還能讓你在成長的過程中懂得更多。「你是一塊什麼料？」這話並不是在諷刺你，而是提醒你，你有哪些方面的才能，所以大家就要放心大膽地去提供自己的「料」，這會讓你在成功的路上輕鬆很多。

對很多人來說，要發現自己擅長做什麼，是比較困難的，因為他們寧可相信別人，也不相信自己。其實，不必看輕自己，要相信自己的能力是獨一無二的。社會上有不少人，只會羨慕別人，或者模仿別人做的事，很少有人去認清自己的專長，瞭解自己的能力，然後鎖定目標，全力以赴，所以這些人不能夠成大事。

如果你用心去觀察那些成大事者，會發現他們幾乎都有一個共同的特徵：不論才智高低，也不論他們從事哪一種行業，擔任何職務，他們都在做自己最擅長的事。

發現並且判斷自己的興趣所在，有時需要一定的時間，所以傑出人士通常會透過自己以往經歷的回顧，將自己的興趣歸於某種興趣類型，然後以此為基礎為自己的將來定位。

透過興趣瞭解他人心理，其次要看的是興趣的種類。即觀察對方的興趣屬於哪種類型。如果將興趣劃分為個體興趣與群體興趣的話，選擇前者則多屬於逃避型，後者多數為情緒穩定型同樣的釣魚愛好者，如果是經常獨自在山間或小溪邊享受垂釣之樂的人，則可能有性格分裂或憂鬱症的傾向。這些人經常在與世隔絕的「象牙塔」內，尋找心情上和情緒上的安寧。他們寧願遁入孤獨空靈的世界，也不願與他人相處。這種人一旦癡迷於某種個人興趣，就會增加其自閉性的危險指數。

而願意與陌生人共同垂釣共享樂趣的人，其精神生活則相對穩定很多。他們依靠個人興趣來釋放日常生活中未獲滿足的欲望。因此，工作、生活和業餘愛好都得到了健康的發展。

無論我們的理想多大，明白的道理有多少，在理想與現實較量的時候，如果我們固執地堅守自己的理想，忽略現實，那麼最後極有可能空手而回。任何理想都會和現實有所差距，但有的人之所以成功，主要原因就在於他們能及時地將現實和理想結合起來，對自己的特長、興趣重新排位，我們很快就會發現，特長比興趣更為重要，這時候就是對我們的理想進行重新評估的時候了。我們都明白，理想是人生奮鬥的目標，在我們的人生規劃課中，不能缺少，因為理想是我們人生的一盞航燈，能夠照亮前進的方向。但是，理想既不同於幻想，也不同於空想和妄想。

企業有大小，發展無分別

小企業雖求賢若渴，但往往不是我們的第一選擇，而是次優選擇，甚至是進不了大企業後的，為了暫謀生路的無奈選擇。小企業由於自身還在發展階段，很多東西不完善，有些企業還處在生存期，風雨飄搖，動盪不安。小企業給予新職場人更多的是朝不保夕的不安定感、強烈的危機感和由此帶來的恐懼和緊張。這種強烈的不安定感和危機感在大企業是基本沒有或者非常弱的。大企業是航母、小企業是小舢板，這兩者之間抗市場風浪的能力是截然不同的。

大公司每位員工都像是一個小小的螺絲釘，如果某位員工辭職，公司可以很快找到替代的人，對公司造成的影響是很小的。如果某位員工加入到競爭對手，或是利用自己曾經在公司工作，對公司內部負面東西瞭解來攻擊公司，在市場上真正作用是很小的。大公司強大的品牌影響力、比較完善的內部管理能抵擋市場上的風浪。很多在大公司裡面呼風喚雨的職業經理人離開大公司甚至變得默默無聞，不是他的能力多出眾，而是他的平臺使他必然出眾。諸多因素造成大公司裡面溝通、交際對業績的影響力大於其個人的能力。畢竟大公司大多數工作是要靠公司很多人配合的。

無論是認識自己或者選擇職業，我們都無可避免地受到家人、朋友或者專家建議的影響，清晰認識自我至為重要，我們不能盲目地聽從他人意見。父母長輩是過來人，人生閱歷豐富，有他們的指導，你求職路會少走許多彎道，但是父母經驗再豐富，也不等於指的路就絕對正確，只能作為參考，最終的決定還是要靠我們自己來做。

我們可以依據下列因素進行自我診斷：

★我們的專業知識、特長、經驗與性格品質是否能使自我完全勝任心目中的理想工作崗位？

★心目中的理想工作崗位是否是在未來的社會或行業發展中所必需的？

★這個工作是否具有生命力（市場需求度）？除個人的努力外，能獲取什麼樣的資源支持，以保證自己能在這個工作領域持續發展？

★從事心目中的理想工作可否給你帶來持續的快樂？

如果對自己抗壓、接受挑戰的潛力較為樂觀，並且想讓自己的能力得到最大限度的發揮，不妨選擇私人企業試一試。雖然存在許多不穩定的因素，至少收入比較可觀，可以學到符合自己職業規劃的東西，也可以累積相當豐富的經驗，一旦被「炒魷魚」，也不愁找不到其他工作。

如果自己比較喜歡安穩、輕鬆一點的工作，有機會的話就公家事業單位，待遇雖然不高，工作內容也可能無法與自己大學專業對口，卻可以保證你衣食無憂。這些單位的工作強度不高，競爭壓力沒那麼大，也不用擔心會被「炒魷魚」，只要你做好分內工作，就能生活得優哉游哉。

清晰認識自己之後，就要瞭解我們將要選擇的工作或單位。這其中包括瞭解單位性質、工作內容和對從業者的素質要求，再與自身條件相比較，看自己是否適合。或向親朋好友求助，綜合他們的意見，也可以向曾經這樣做出選擇的人請教，他們體會深刻，可以提供一些對我們有幫助的資訊。但每個人的價值觀和人生觀不同，別人的意見都只能作為參考。

學歷VS.能力

不可否認，學歷越高，機遇就越多。但是，學歷只代表過去，只有學習力才能代表將來。優秀人才不等於優秀員工，能力不夠，照樣不能受到重用，你的學歷只能是供人欣賞，沒實際意義的花瓶，沒人會在乎。

高學歷的這塊金磚可以敲開工作的大門，但並不代表你就可以無後顧之憂，最關鍵的還是看自身的能力。以學歷敲門，能力和態度是打開工作之門的鑰匙，這是評價一個員工優秀與否的核心標準。

我們應該時刻告誡自己，高學歷高智商換不來高待遇，想要提高自己的待遇，還要從自身入手，有沒有為更好的待遇、更高的職位做好準備。

學校只是人學習的一個過程，而學歷的高低只能反映出人接受教育的程度，學問的累積並不簡單只是在學校中完成，隨著社會閱歷的提升，學問也逐漸在社會實踐中慢慢加以累積。所以即便是在同一層次學歷的人群中，也同樣存在著學問的差異。學問包含專業素養與實踐領悟，缺一不可。

真正的能力才是學問。而不是那簡簡單單的一張文憑。

如下是美國甲骨文軟體公司CEO，身價上百億美元的拉理．埃里森在美國耶魯大學2000屆畢業典禮上的演講。

耶魯的畢業生們，我很抱歉——如果你們不喜歡這樣的開場白。我想請你們為我做一件事。請你——好好看一看周圍，看一看站在你左邊的同學，看一看站在你右邊的同學。

請你設想這樣的情況：從現在起5年之後、10年之後或30年之後，今天站在你左邊的這個人會是一個失敗者；右邊的這個人，同樣，也是個失敗者。而你，站在中間的傢伙，你以為會怎樣？同樣是失敗者，失敗的耶魯優等生。

說實話，今天我站在這裡，並沒有看到1千個畢業生的燦爛未來。我沒有看到1千個行業的1千名卓越領導者，我只看到了1千個失敗者。你們感到沮喪，這是可以理解的。為什麼，我，埃里森，一個退學生，竟然在美國最具聲望的學府裡這樣厚顏地散佈異端？我來告訴你原因。因為，我，埃里森，這個行星上第二富有的人，是個退學生，而你不是。因為比爾．蓋茲，這個行星上最富有的人——就目前而言——是一個退學生，而你不是。因為艾倫，這個行星上第三富有的人，也退了學，而你沒有。

你們非常沮喪，這是可以理解的。因為你沒輟學，所以你永遠不會成為世界上最富有的人。哦，當然，你可以。也許，以你的方式進步到第10位、第11位，就像賈伯斯。但我沒有告訴你他在為誰工作，是吧？根據記載，他是研究生時輟的學，開化得稍晚了些。

現在，我猜想你們中間很多人，也許是絕大多數人，正在琢磨：「我能做什麼？我究竟有沒有前途？」當然沒有。太晚了，你們已經吸收了太多東西，以為自己懂得太多。你們再也不是19歲了。你們有了「內置」的帽子。哦，我指的可不是你們腦袋上的學位帽。

嗯，你們已經非常沮喪啦。這是可以理解的。

我要告訴你，一頂帽子、一套學位服必然要讓你淪落……就像這些警衛馬上要把我從這個講臺上攆走一樣必然……（此時，拉理．埃里森被帶離了講臺）

這是一篇狂妄而偏激的演講，也被稱為是「20世紀最狂妄的校園演講」。但是我們認為，拉理．埃里森演講的主旨並不是想在美國名校的學生面前炫耀一個退學生的成功，而在於指出高學歷的「迷思」：大學教育已經讓你們「吸收了太多東西，以為自己懂得太多」，「你們有了『內置』的帽子」。這頂「內置」的帽子，可能會限制高學歷者的思維。另外，它很容易導致高學歷者自視過高，自認為「不值得」做的事情太多。

年輕人本來就有幾分初生之犢的傲氣和浮躁，如果再有高學歷，傲氣當然就更盛了。基於這種心理，這些「吸收了太多東西，以為自己懂得的太多」的高學歷者，認為自己一開始工作就應該得到重用，就應該得到相當豐厚的報酬，往往會對手頭上瑣碎的工作感到不滿，常常抱怨「如此枯燥、單調的工作，如此毫無前途的職業，根本不值得自己去做」，動不動就有「拂袖而去」的念頭。

新力公司創辦人盛田昭夫認為，學歷並不意味著你實際的工作能力能夠達到企業的要求，如果完全按照一個人的學歷來評價其工作能力，則難免會本末倒置。也許盛田昭夫的觀點太過偏激，但他揭示了一個重要原理：不能無限度擴大教育的功能，天賦對人的影響是極大的，因而企業更應注重實踐能力，而並非學歷。

本來，學歷與能力、文憑與水準，既有對應關係，但絕對不是那種「水漲船高」式的絕對的對應關係，必須因人而異，具體分析，在實踐中核對總和衡量一個人的能力和水準。

少數低學歷的人生歷練多於常人，比如幼時家貧、早年喪親等，是這些聰明人為了生存、奮發圖強的原因。他們是實幹家也有文化基礎，雖然沒有高學歷文憑，但有頭腦和智慧。許多人因此拿他們的例子，認為低學歷就是能力強，很可笑。這一部分人，根本不能被視為低學歷人士。他們在建立事業的途中，不斷地學習、完善和思考，隨著事業成功也完成了知識的累積和自我教育的過程。他們具備的廣博的知識，不比大學教授少。可以說，他們是真正的高學歷，只缺一紙證書而已。

心理學家總結出一條非常簡單但又普遍適用的規律——不值得定律。對不值得定律最直觀的表述就是，不值得做的事情，就不值得做好。不值得定律反映出人們的一種心理，即如果他做的是一件自認為不值得做的事情，往往會持敷衍了事的態度。不僅成功率低，而且即使成功，也不會覺得有多大的成就感。在潛意識中，人們習慣於對要做的每一件事情都做一個值得或不值得的評價，不值得做的事情也就不去做或不做好。

在現實生活中，太多的人只關注有光環的大事情、能夠出人頭地的大事業，而將本員工作中的許多具體事情歸類為不值得做的小事情，然而，正是這些小事情才是通往大事業的必經之路。基於不值得定律，心理學家告訴我們，自視越高的人，他認為不值得做的事情就越多，成為懷才不遇者的可能性越大，成功的機率也就相應越小。

選對行就像是嫁對郎

大多數人說好的東西不見得好，大多數人說不好的東西不見得不好。選什麼行業真的不重要，關鍵是怎麼做。事情都是人做出來的，關鍵是人。因此年輕人在職業生涯的開始，尤其要注意的是，要做對事情，不要讓自己今後幾十年的人生總是提心吊膽，更不值得為了一份工作賠上自己的青春年華。很多時候，看起來最近的路，其實是最遠的路，看起來最遠的路，其實是最近的路。

有人曾經問高建華，在他的職業生涯發展過程中，什麼事情是最重要的，他幾乎是毫不猶豫地說出了答案：選擇比努力更重要。高建華放棄了大學助教這個「鐵飯碗」到惠普，由惠普到蘋果，再由蘋果到惠普，再由惠普到安捷倫，再由安捷倫回到惠普，這就是高建華與惠普的三段情。

如果只是尋找一種謀生的手段，需要考慮的主要是自己的能力、外在的可用資源，以及這個職業賺錢的程度。這確實是進行職業選擇時需要考慮的一些很現實的問題。可是，如果希望職業成為一條實現人生理想的途徑，希望滿足自己內心深處的情感需求，就不僅僅要考慮這些。即使是從一個人過職業獲得經濟收益和社會地位的角度來看，「三百六十行，行行出狀元」——多數職業中的佼佼者都能得到豐厚的回報。問題在於，如果你只是盲目進入一個目前看來流行的職業，你未必能成為透該行業中的優秀者，未必能得到豐厚回報。而且，誰能確保目前看好的職業行情將來不會變化呢？相反，如果你選擇了一個符合自己的個性、能力和興趣的職業，你不但容易成功，而且工作過程本身常常就給你帶來了很多滿足。可以說，從事一個自己「勝任愉快」的職業，是一種幸運和幸福。

假如我今生無份遇到你，
就讓我永遠感到恨不相逢——
讓我念念不忘，
讓我在醒時夢中都懷帶這悲哀的苦痛。
當我的日子在世界的鬧市中度過，
我的雙手捧著每日的贏利的時候，
讓我永遠覺得我是一無所獲——

讓我念念不忘，
讓我在醒時夢中都懷帶著這悲哀的苦痛。
……

泰戈爾的這段詩句中描述的是一種若有所失的迷惘和痛苦。這樣的感受，不但在人錯過了美好愛情的時候會有，如果我們沒有找到適合自己的行業也會如此。行業選擇並不僅僅是尋找一種謀生手段。我們常常發現，從一個人所從事的事業中，一個人可以獲得許多深切的情感體驗。科學家為了追求真理，藝術家為了追求美，不但廢寢忘食，甚至捨生忘死。在事業的追求中，人的精神之美展現出迷人的光彩。

著名的心理學家馬斯洛曾經說過：「一個人能夠成為什麼，他就必須成為什麼，他必須忠實於他自己的本性。」人需要「傾聽內在的聲音」，「選擇在本質上適合自己的東西」，才能達到自我實現。相反，如果沒有發展和發揮一個人的才能，就常會隱隱地感到不安和失落。可見，行業的選擇和發展是個人發展中至關重要的方面，值得我們深入地思考。

選擇是痛苦的，從某種程度上來說，你的選擇將決定自己以後的人生路，所以要非常慎重，在做出一個選擇之前，我們不僅要考慮後果，更要問清楚自己，是否可承受這個後果所帶來的壓力，我們不能僅對目前做出分析，還要把眼光投放到未來。一旦做出選擇，就無須後悔，因為每一次的選擇之後都是一條不可複製的人生之路。

從某種意義上講，行業選擇就是選擇人生，就是選擇自己的未來。我們生活的好壞、社會地位的高低以及對社會貢獻的大小，在很大程度上是由他所從事的行業及其在行業崗位上的貢獻決定的。為什麼有些人本該在事業上獲得成功，卻事與願違，這並不完全是他們能力不夠，而主要是他們選擇了不適合發揮自身特長的行業。而那些事業有成的人，也並不一定比別人聰明，關鍵在於他們找到了適合自己特點的行業。合適的行業使他們的個人才能得到充分發揮，為他們帶來了無限的創造機會，也帶來了事業的成功。

行業活動中的創造，體現了我們一生中最主要的創造，在行業生活中體驗到的幸福，含義最深刻，生命力最持久。所以說，行業選擇是決定一個人的社會地位、經濟收入乃至生活方式的重要因素。

第二章

辦公室裡不是只有你一個人

職場就是張人際網

很多人說拉關係不吃虧，不拉關係吃大虧。這種觀點顯然是錯誤的。因為這裡所謂的「拉關係」是利用關係為個人撈到某些好處，而且這往往是建立在別人吃虧基礎之上的，必然會受到道德法庭的譴責，同時也不利於健康關係的建立。的確，大樹底下好乘涼，但是還有一句老話：大樹底下無高草。拉關係，可能會「乘著涼」，但也會使自己成為長不高的「草」。總是利用關係，而不夯實自己的能力，那麼，人就很難成長起來。一旦關係出現問題，生活便一團混亂。

一個人事業的成功，80%歸因於與別人相處，如果你具備了非凡的交際能力，能夠累積廣泛的人脈資源，並善於妥善處理各種關係，那麼無論為人處世，還是做事業，都會遊刃有餘，風生水起。人際關係等於「財富」，人際關係也等於「能力」，戴爾・卡耐基曾經形象地形容人際關係：專業的技術是硬本領，善於處理人際關係的交際本領則是軟本領。

道理很簡單，一個人只有在社會中如魚得水、遊刃有餘，才能為事業上的成功開闢出寬廣的大道，這就要求他有一定的社交能力。而這種社交能力，正是他賴以建立良好的人際關係、獲得好人緣的基礎。我們常說的「本事」，就是處理關係的能力。

社會現狀我們無法改變，因為每個人都在同樣的條件中，都在為自己爭取最大的利益，才造成了人際關係的複雜。一些辦事靈活，懂得方圓處世的人常常容易得到他人的支持，而那些只生活在自己限定的空間範圍內的人，則感到事事不順，因為他的人脈網路太狹窄。

因此，如果我們想成為出類拔萃的人，就不要忽視人際交往，而是否會處世則直接關係到你人際交往的效果。千萬不要抱怨人際關係的複雜，也千萬不要以為脫離他人，自己什麼都可以幹。我們應該做的是，儘快組織好自己的人際關係網路，並學會一些維護網路的技巧，利用人際關係為自己謀前途。

眾所周知，《水滸》中的宋江，要武藝沒武藝，要家庭背景沒家庭背景，要財富沒財富，但就是這樣一個人，卻坐上梁山第一把交椅。就因為他是「及時雨」，他懂得雪中送炭，在別人最需要的時候及時給予幫助。

「患難之交才是真朋友」，這話大家不會陌生。人的一生不可能一帆風順，難免會碰到失利受挫或面臨困境的時候，這時候最需要的就是別人的幫助，這種雪中送炭的幫助會讓原本無助的人重獲新生。

如果一個人經常跟消極的人來往，他自己也會變得消極；跟小人物交往過密，就會產生許多卑微的習慣。相反，如果經常受到大人物的薰陶，那麼我們的思想水準也就會得到提高。經常接觸那些雄心萬丈的成功人士，也會使我們養成邁向成功所需要的野心和行動力。

我們正處在一個人生的關鍵時刻，如果能夠交上幾個「品質」高的朋友，不僅可以得到情感的慰藉，而且朋友之間可以互相砥礪，相互激發，成為事業成功的基石。所以，交朋友不可不選擇，很多時候，結交朋友就是改變自己命運的關鍵。

整日守在辦公桌邊的人，不妨利用午餐時間，與在同一地區工作的朋友共進午餐。與其每天一個人吃飯，不如偶爾打個電話約其他朋友一起吃頓飯，如果沒有時間一起吃飯，一起喝杯咖啡也可以。如果彼此的距離稍遠，坐計程車去也沒關係。那些斤斤計較的人，很難拓展自己的人際關係。雖然上班族的收入有限，得靠省吃儉用才能存一點錢。但是，因此失去與朋友來往的機會，就得不償失了。

下班後，與朋友一起喝杯茶。不論是迎新送舊還是大功告成，找各種理由大家一塊兒聚聚，這不只是大家互相聯絡感情，也是鬆弛一下緊張許久的神經的好機會。喜新厭舊是人之常情，比起早已熟知的朋友，新朋友更能吸引我們的注意力而頻頻與之接觸。

對人情的投資，最忌諱的是急功近利，因為這就成了一種買賣，甚至是一種賄賂。如果對方是有骨氣之人，更會感到不高興，即使勉強接受，也並不重視；即便日後回報，也是半斤還八兩，沒什麼好處可言。平時不聯絡，事到臨頭再來抱佛腳就來不及了。職場人脈不只在建立，也要重視平時的經營，否則時間長了，人脈就變成冷脈了。

人在江湖，要懂點規矩

馬雲曾經說過：「剛來公司不到一年的人，千萬別給我寫戰略報告，千萬別瞎提阿里巴巴發展大計，誰提，誰離開！」

俗話說，人在江湖，身不由己。身在職場正如身在江湖，江湖有江湖的規矩，職場也有職場的規則！亂來的結果就是走人！

別和老闆叫板，那不會是件好事兒。

要知道，你並不是老闆，相較於老闆這個位置，你一定存在客觀上的劣勢。更何況，你的老闆之所以能做到這個高度，必定還是有兩把刷子的，沒有一定的思維和處事能力，又怎能擔當重任。客觀點說，即使理念再不相容，赤裸裸地呈現自己的意圖——將老闆直逼向戰場，又是聰明之舉麼？

換位思考一下，如果你是老闆，有人叫板，你會怎麼對付他，這時你就該知道和老闆對招後你的危險處境了，除非你更能審時度勢，更善用策略，否則必敗無疑！

沒有一個老闆可以容忍一個非但不聽話，還故意叫板的人！

也沒有一個老闆可以大方地讓你給他心裡扎根刺。所以，即使有成功經驗，但這個坑太深太大，遲早都會跳進去的。

顯規則告訴我們要用耳朵聽話，用嘴巴溝通，**潛規則卻說要用腦子聽話**，用眼神溝通。

潛規則暗示了公司的一種潛在文化和行事規則，往往只有老員工們才能深刻領會。如果對此尚不瞭解，那麼不妨多請教資深同事，同時記住：你既不能把自己的上司不當回事，也不能把他們的話真正當回事，執行起來也得有彈性，有時你的確需要裝糊塗。

如果老闆「承諾」過的事情，到需要兌現的時候「反悔」，明明之前溝通好的事情卻完全「否定」。於是，在職場上演著一幕幕類似的糾結，讓人煩惱不堪。固然，老闆的一言一行總是為我們所重視和關注。也許他說時無意，可是我們卻銘記在心。因此，我們需要具有這樣的本領：分清哪些是場面話，哪些才是真心話。

場面話就是讓別人高興的話。既然是場面話，可想而知，就是在某個場面才講的話。這種話不一定代表其內心的真實想法，也不一定合乎實際，但被講出來之後，就算別人明知道他是言不由衷，也會感到高興。

愛情固然美妙，但一旦種在了辦公室，就很難逃脫營養不良，甚至不發芽的厄運。再想想，找一份工作不容易，找一份合適的工作更不容易，畢竟人還是要吃飯的，還要考慮房貸、車貸、一家老小……

誠然，但以人類豐富的想像力來想像一下，只要情感蠢蠢欲動，是不是一切事情都有了可能？首先是相思，如果是單相思，相思者行為稍有不慎，對方不合拍，很可能就演變成性騷擾，於是炒魷魚就是必然的結局。如果是兩情相悅，搞搞地下戀情，不曝光還能避免雜言碎語。否則，眾人的口舌再加上工作中難以避免的矛盾和摩擦，說不定就有人忍不住把工作扯上感情，明裡暗裡給你製造點麻煩，長久下去，這個廟也不好待啊！再有就是戀愛久了，感情穩定了，是否就要考慮談婚論嫁了？此時，又得以公司的規定為前提，否則還是要走人。

暫且撇開公司這些規定，再退一步說，這愛情是可以隨便玩的嗎？

戀愛就像玩火，這婚姻也像走鋼索，這是兩個人之間的遊戲，只要其中一個出了狀況，那反應定然是連鎖的。同一個屋簷下，端著同一個飯碗，抬頭不見低頭見，工作難免要遇到合作、交流等情況，你說難過不難過？大家都不是神仙，誰能保證自己完全不受到影響？再說了，你的保密工作又能做得多好？工作緊張枯燥之餘，大家巴不得有些八卦新聞來傳播傳播，保不住你的故事就被流傳開了，傳到老闆耳朵裡，對你的前途影響究竟是好還是不好，誰都清楚。

所以，能避免的話，就不要在同事之間發展什麼戀情，這實在是很危險的遊戲，這就是江湖上的規矩！

新人要把自己當作「插班生」

大學畢業生初入職場，要完成從學生到社會人的轉變。在這個轉變過程中，難免會遭遇尷尬和困惑。如果承受能力比較差，難免會感到受排斥。有不少人表示，剛入職場的時候，「彷彿做了插班生」，不能融入工作團隊，找不到工作歸屬感。如果同事態度不友好，上司不重視其發展，精神上的壓力就更大了。

很多剛剛步入工作崗位的新人，都有典型的職場新人的心理特徵：

心理問題一：沒有規劃隨遇而安

在「先就業再擇業」的號召下，無數學子在還沒搞清自己的興趣、能力、優勢的情況下，就開始工作，由此導致在職業經歷上走了不少彎路。

心理問題二：行動很難跟上想法

職場新人接受新鮮事物快，不時有一些奇思妙想的靈感火花會迸發出來。但有時會對自己有質疑，因此總不見有所行動，或即使行動了也沒有完整堅持下去。結果，什麼也沒改變，心裡卻總還惦記著。

心理問題三：參不透的人際關係

企業中人際問題已經列入職場心理問題的首位，比如同事之間的關係處理、上下級之間的溝通等，使人總是處在一種持續的情緒壓力下。因而很多初涉職場的人，一提到人際關係就會用恐怖來形容。

心理問題四：理想與現實有差距

職場新人在工作初期帶有很大的理想主義色彩，過於美化現實、美化職業，對工作生活的期望值較高。然而，這種一廂情願的想法常常落空。當發現工作環境或工作條件比想像的差，自己得不到想要的待遇時，或者當發現在單位沒有被上司重視，自己的工作成果經常遭到同事或上司的否定時，失落和沮喪便會在內心油然而生，他們的情緒會一落千丈，影響了繼續努力的信心。

心理問題五：快節奏生活帶來壓力

高度的緊張焦慮，使得一些職場新人精力不能集中，甚至常常失眠和頭痛。隨著工作強度、難度和緊張度的加大，生活節奏也加快了，讓一些獨立生活能力不強的職場新人，在新的環境下不善於安排自己的生活，再加上工作任務繁重，使他們常常陷入到一種忙亂無序的狀態。上級交給的任務，沒有完成或不順利，心理便壓上了沉重的負擔，使得職場新人常常惴惴不安。工作中的問題已經讓人緊張不堪了，複雜的人際關係和激烈的競爭又使得他們心理絲毫不能放鬆，時時處於緊張、焦慮之中。

心理問題六：容易浮躁

剛剛入職的年輕人，往往非常在意自己在工作中的表現，希望儘快嶄露頭角，但是作為公司上司和老員工，卻希望能磨一磨新人身上的銳氣，讓他們學會腳踏實地，不要太浮躁。職場新人如果不能看透上司和同事的用意，或者性格過於敏感和孤僻，往往會把事情想得非常灰暗，給自己帶來很大的煩惱和困擾。很多人就因為這些事情沒有處理好而產生了厭職情緒。但是厭職並不能解決問題，反而會影響自己的職業發展。

主動從自己身上找原因，在做事之前先學會做人和與人相處，經過一段時間，你就會發現曾經橫亙在你面前的那條看似不可逾越的人際鴻溝已經在不知不覺中消失了。

學會做人，首先要學會尊重別人。老同事遇到新手大多希望對方低調、謙虛、尊重自己，這是一種很普遍的心態。那麼不妨迎合他們的這種需要，盡可能地尊重他們。而且你對業務一點都不熟悉，多尊重老同事，謙虛地向他們請教也非常有利於自己的成長。只要你讓對方感覺到你的誠懇和求知心切，一般人都會給你一些指點和建議。

同事間的「共生效應」

自然界有這樣一種現象：當一株植物單獨生長的時候，就會顯得很矮小、很單調，而與眾多同類植物一起生長時，則生機盎然、根深葉茂。於是，人們就把植物界中這種互相影響、互相促進的現象，稱之為「共生效應」。

在自然界中，共生效應的例子比比皆是。在叢林中，很多藤蘿植物是靠依附在參天大樹上得以享受陽光的；海鷗喜歡尾隨軍艦，因為後者的排水可以使海裡的小生物浮上水面，成為牠們的食物；鯊魚的身邊總是游弋著幾條靈巧的小魚，牠們靠揀拾鯊魚獵食的殘餘維生……

事實上，共生效應在人類的應用也很廣泛。尤其是在職場上「共生效應」的應用更加普遍。在職場打拚，我們面對的不是你死我活的敵人，而是並肩作戰的同事。與將別人置於死地相比，我們更需要合作，更需要團隊。因此，在職場奮鬥，我們不妨換個角度看問題，換個思維看同事，對待同事——變挑剔為欣賞。向優秀的同事學習，將同事的智慧為己所用。

這樣，我們才能更優秀、更強大。我們做起工作來，才會更順利。

在日常工作中，一個人肯定會遇到各種各樣的困難，但應該記住：搬開別人腳下的絆腳石，有時恰恰是為自己鋪路——幫助同事即是幫助自己。在幫助別人時，任何一種努力都不會白費。在企業的發展中，也非常需要這種捨己為人、幫助別人的員工，具有這種精神的員工老闆當然會喜歡。

職場上從來沒有永恆的朋友，也更沒有永恆的敵人。如果你在工作中非常需要另一個人的幫助，而你又與其不和時，因為主觀感情放棄合作，這可非明智之舉。能化敵為友，使之成為你完成目的的最佳幫手，這樣的選擇才是一箭雙鵰。其實這個道理大家都懂，不過職場上一旦遭遇「敵手」，大多數人總是想著如何將對方死死鉗制住，讓他沒有還手之力，卻很少有人這個時候想著「化敵為友」。

你可以從以下幾個方面著手：先退一步，承認自己的不對之處。真正有能力的人是勇於承認自己的不對之處的。目的是為你們的合作創造可能性，只有你承認處於劣勢，對方才可能放心的和你結交。不過，這並不意味著每當有好鬥的同事向你發起進攻時，你都要舉手投降。他是否可能成為你潛在的幫助者，這是你需要首先考慮的。

職場上，幫忙同事時不要使對方覺得接受你的幫助是一種負擔；要做得自然，也就是說在當時對方或許無法強烈地感受到，但是日子越久越體會出你對他的關心，能夠做到這一步是最理想的；幫忙時要高高興興，不可以心不甘、情不願的。如果你在幫忙的時候，覺得很勉強，意識裡存在著「這是為對方而做」的觀念，那麼一旦對方對你的幫助毫無反應，你一定大為生氣，認為「我這樣辛苦地幫你忙，你還不知感激，太不識好歹了」，如此的態度甚至想法都不要表現出來。

人際往來，無論是在職場還是在現實生活裡，幫忙是互相的，且不可像做生意一樣赤裸裸，一口一句「有事嗎」、「你幫了我的忙，下次我一定幫你」。忽視了感情的交流，會讓人興味索然，彼此的交情也維持不了多長時間。

如果沒有同事的信任和支持，我們就會在公司裡陷入孤立狀態，使自己寸步難行，無所作為。而當我們懷著一顆感恩之心與同事一起工作時，氣氛就會融洽得多，我們也會從中得到更多的快樂。要知道，與同事們能在一個單位工作，也是一種緣分。每天24小時，除去睡眠，我們生命中的大多數時間都是和同事一起度過的，因此，我們更應該懂得珍惜同事之間的這份情誼，互相關愛。

一個心懷感恩的人，對同事一點一滴的幫助都會銘記在心，而在同事遇到困難時，也總願意幫忙，願意付出更多。我們用一種感恩和快樂的心態去對待工作，用充滿善意的心靈去對待周圍的人。我們在工作中有著更高的積極性和主動性，當遇到困難時，也會有更多的人願意幫助我們。

在沃爾瑪，不論你是總裁，還是經理，繁忙時都是店員。人們平時很忙，超市的購物人數有限，而一到公休日、節假日，人們便湧進超市，幾乎所有的沃爾瑪店面都感覺人手不夠。這時，從營運總監、財務總監、人力資源經理、各部門主管及辦公室秘書，都換下筆挺的西裝，投入到商場的繁忙業務之中，去做收銀員、搬運工、上貨員，甚至迎賓員……這在沃爾瑪形成了一種文化——大家互相幫助。在麥當勞也是一樣，那個掃地的說不定就是店長，他們沒有分得那麼清楚，誰是店長誰是清潔人員，只知道不要忘了積極地幫助同事。

這是一個強調團隊精神的時代，公司的成功要靠整個團隊，團隊隊員需要良好的協作，需要大家的相互幫助。大家同在一個屋簷下，為了一個共同的目標，感受同一種壓力，工作中其實誰也少不了誰。所以不要把同事關係搞得太緊張，寬容一點，熱情一點。

自我表現：告訴別人你是誰

表現欲是人們有意識地向他人展示自己才能、學識、成就的欲望。對於我們來說，增強自己積極的表現欲尤為重要。實踐證明，積極的表現是一種促人奮進的內在動力。誰擁有它，誰就會爭得更能發展自己的機會，從而接近成功的彼岸。

然而在現實生活中，有一些人並不這樣看問題，他們對表現欲存有偏見，以為那是「出風頭」，是不穩重、不成熟。所以不喜歡在大庭廣眾面前表現自己，僅滿足於埋頭苦幹、默默無聞。也有一些很有才華、見解的人，缺乏當眾展示自己的勇氣，遇事緊張膽怯，每每退避三舍。這樣一來，他們不但失掉了很多機會，而且給人留下了平庸無能、無所作為的印象，自然得不到好評和重用。這些現象反而告訴我們，表現欲不足無疑是一種缺憾，積極的表現欲應該成為現代人必備的心理。

自我表現的目的是為了成功地把自己推銷出去。人生有許多機會是要靠自己去爭取的。如果你有能力，就應該自告奮勇地去爭取那種許多人無法勝任的任務，你的毛遂自薦也正好顯示你的存在，你成功的機會也將會大大增加。

在交往中，任何人都希望能得到別人的肯定性評價，都在不自覺地強烈維護著自己的形象和尊嚴，如果我們的談話對手過分地顯示出高人一等的優越感，那麼，在無形之中是對對方自尊和自信的一種挑戰與輕視，那種排斥心理乃至敵意也就不自覺地產生了。

自我表現最重要的守則便是掌握分寸，不要動不動就孔雀開屏，張揚自我，那麼很容易激發別人羨慕和嫉妒的心態，不知不覺為自己樹立了敵人。

有很多善於自我表現的人常常既「表現」了自己，又未露聲色，他們與別人進行交談時多用「我們」而很少用「我」，因為後者給人距離感，而前者則使人覺得較親切。要知道「我們」代表著「對方也參加的意味」，往往使人產生一種「參與感」，還會在不知不覺中把意見相異的人劃為同一立場，並按照自己的意向影響他人。

善於自我表現的人從來杜絕說話帶「嗯」、「哦」、「啊」等停頓的習慣，這些語氣詞可能被看作不願開誠佈公，也可能讓人覺得是一種敷衍、傲慢的官僚習氣，從而令人反感。

出醜效應又叫犯錯效應。是指才能平庸的人固然不會受人傾慕，但是全然無缺點的人，也未必討人喜歡。最精明人是在不經心中犯點小錯，出點小醜，這不僅瑕不掩瑜，反而更使人覺得你和別人一樣，也會出錯，也會出醜，原來你也有可愛之處。

生活中，人人都有缺點，所謂虛假的完美，不如真實的缺點。你出點醜，讓別人感覺到你的真實，別人反倒會更加親近你。

同理，在職場奮鬥也是如此。不管你是管理者還是普通的員工，高高在上或者是成為人群中的「異類」並不會讓你受益。有時犯點無傷大雅的小錯誤，反而會讓別人更加喜歡你，更加信任你。

想要在公司當中得到認可，你要採取的首要行動之一就是拿出自己的工作業績的證明。你是否曾經為你的主管或是上級主管起草過報告？你最近是否直接解決了某個能幫助所有客戶的重大問題？你是否參與設計了某個能夠將採購時間縮短一半的專案？在你所起草的報告或是你所設計的程式當中，你是否已經寫上了自己的姓名、電話號碼和電子郵件地址？你的名字並不需要以多麼突出的字體顯示，也不需要每隔15秒鐘的時間就以72號字的大小出現在電腦銀幕上，但是必須要有。

特立獨行可以，但別過分

張揚個性肯定要比壓抑個性舒服。但是如果張揚個性僅僅是一種任性，僅僅是一種意氣用事，甚至是對自己的缺陷和陋習的一種放縱的話，那麼，這樣的張揚個性對你的前途肯定是沒有好處的。

很多人熱衷於張揚的個性，相當一部分是一種習氣，是一種希望自己能任性而為所欲為的願望。他們喜歡隨心所欲，不希望把自己的行為束縛在複雜的條條框框中，但作為一個社會中的人，真的能這麼「灑脫」嗎？比如走在路上，如果僅僅走自己的路而不注意交通規則的話，員警就會來干涉你，會罰你的款。如果你走路也要張揚個性，橫衝直撞的話，還有可能出車禍，為張揚個性付出血的代價。所以，即使走自己的路，也要關注別人對你的看法，而不要使張揚個性成為你縱容自己缺點的一種漂亮的藉口。社會需要你創造價值，社會首先關注的是你的工作品質是否有利於創造價值。個性也不例外，只有當你的個性有利於創造價值，是一種生產型的個性，你的個性才能被社會接受。

古語說得好：「滿招損，謙受益。」一個人即使並不自滿，而只是才華橫溢，鋒芒畢露，也都容易受到別人的攻擊，受到損傷。因為你的流光溢彩使周圍的人相形見絀，黯然失色，所以，你越能幹，事情做得越完美，就越應慎重、低調一些，凡事當留有餘地，不要那麼鋒芒畢露，咄咄逼人。

易經有云：「君子藏器於身，待時而動。」無此器最難，有此器不患無此時。鋒芒對於年輕人，有的是害處，而好處卻很小。鋒芒好比是額頭上長出的角，額上生角必然會很容易觸傷別人，如果你不去想辦法磨平自己的角，時間久了別人也必將去折你的角，角一旦被折，其傷害也就太多了。

我們處在一個越來越開放，越來越急功近利的時代，人類的才智得到空前的解放和開發。人們爭先恐後地顯才露己，人人夢想著出人頭地，揚名萬里。但如果你處處顯山露水，要爭著炫耀自己，想盡辦法成為別人妒羨的目標，那麼，在你的虛榮心不斷得到滿足的時候，你就離失敗越來越近了。

所以，別總想比別人看上去更聰明。如果別人有過錯，無論你採取什麼方式指出別人的錯誤，一個蔑視的眼神，一種不滿的腔調，一個不耐煩的手勢，都可能帶來難堪的後果。人，有時會很自然地改變自己的想法，但是如果有人說他錯了，他就會惱火，更加固執己見。人，有時也會毫無根據地形成自己的想法，但是如果有人不同意他的想法，那反而會使他全心全意地去維護自己的想法。不是那些想法本身多麼珍貴，而是他的自尊心受到了威脅……

別總為了表現自己而高談闊論。急功近利者對於諸多事情，總是喜歡發表主張。主張是對於事物的觀察所得，觀察分析才能有所得，所得能夠成為一種主張，當然是一件可喜的事情。

瑪律科姆．富比士在其所著的《思想》一書中曾援引十七世紀西班牙思想家巴爾塔沙．葛拉西安的話說：「人若天天表現自己，就拿不出使人感到驚訝的東西。必須經常把一些新鮮的東西保留起來。對那些每天只拿出一點招數的人，別人始終保持著期望。任何人都對他的能力摸不著底。」

美國鋼鐵大王卡內基曾給一個即將登上經理之位的躊躇滿志的年輕人這樣的勸告：「這個位置很適合你，你也有能力做好這份工作。不過，請謹記，你既然準備接受這份工作，就要馬上著手解決問題，要知道，其他人也能發現問題。全力以赴地去做好你的工作，但同時要注意你的後面，看看是不是有人掉隊，如果後面沒有人跟著你前進，你就不是一個稱職的上司。別忘了，你並不是一個不可取代的人，在你感覺情況還不錯的時候，要盡量冷靜地思考一番，你的幸運可能是你的機會好，交上了好朋友或是對手太弱。一定要保持足夠的謙虛，不然的話，現在有12個人可以勝任這個職位，我相信他們當中一定會有一兩個做得比你出色。因此，千萬不要自以為是。」

從哲學意義上來界定，謙虛應該是對社會環境和自身價值的認識，它符合用客觀、運動辯證的觀點。松下幸之助說：「因為有了感謝之心，所以才能引發惜物及謙虛之心，使生活充滿歡樂，心理保持平衡，在待人接物時免去許多無謂的對抗與爭執。」

同樣，在工作中，我們也要保持謙虛的工作態度，不要傲慢自大，但同時也要正視自己的貢獻。盧梭曾經說過：「偉大的人是絕不會濫用他們的優點的，他們看出自己超出別人的地方，並且意識到這一點，然而絕不會因此就不謙虛。他們的過人之處越多，他們就越能認識到自己的不足。」

挨罵不可怕，沒人罵才可怕

騰訊網副總編輯李方就在文章中曾經說過，要「先爭取挨罵的資格」。「爭取挨罵的資格」，這話聽起來很耐人尋味，的確，很多時候，上司願意批評你，說明他覺得你還是個種子，敲打敲打還有培養的前途。如果真的是無足輕重、甚至是一塊不可雕琢的朽木，恐怕連罵都懶得罵你，直接就將你放棄掉了。

把好話和責罵拿來比一比就知道，責罵會伴隨著痛苦。所以責備的人是抱著盡可能不罵的心情來「責備」，比起「甜言蜜語」，罵人者是把對方當成自己人，才會做出這種行為。

時常有這樣的員工，遭受上司的批評後，就像霜打的茄子一樣：蔫了，充滿悲觀的情緒，把上司的批評當作世界末日。他們都錯在把上司的批評看得太重。

其實一兩次受到批評並不代表自己就沒前途了，更沒必要覺得一切都完了。上司批評你主要還是針對你所犯的錯誤的，除了個別有偏見的上司外，大部分的上司都不會針對員工個人的。

上司的本意是藉由責備讓你意識到錯誤，避免下次再犯，並不是覺得你什麼都不行，對你進行打擊。如果受到一兩次批評你就一蹶不振，打不起精神，這樣才會讓上司看不起你，今後他可能也就不會再信任和提拔你了。

職場中遇到衝突是無可避免的，有時我們並沒有犯錯，卻毫無理由地被臭罵一頓，如果遇到這種狀況便低頭認錯，千萬不要自以為那是你不喜歡與人計較，同別人一般見識。正所謂「有理走遍天下，無理寸步難行」，理論前也要先給自己找好理由，分析一下，到底誰是誰非，誰對誰錯。自己有沒有被罵的理由？

1、你是否在盡自己的本分

2、有沒有及時認錯

3、你是不是在堅持自己的原則

4、你是有心傷害他人的嗎

5、整件事情都是別人的錯

每個人都渴望被肯定，希望在別人的肯定中體現出自己的價值，在別人的肯定中看到自己的成長。不可否認，肯定對於每個人的成長非常重要，因為只有在肯定中，才能找到自己的位置，堅定自己的信心。

但光有成長還不夠，在成長的基礎之上是成熟，成熟的一個重要標誌，就是能夠理性地認識自我和外界，並能夠獨立自主甚至挑大樑。而成熟，往往來自於「折磨」。

當代職場人常犯的一個認識迷思：一味地要求上司和單位對自己肯定，卻害怕他們對自己「折磨」。好像只有肯定自己甚至遷就自己，才有「人情味」，對自己要求得多一點，甚至是合理的要求、為了讓自己更好發展而要求，他們就認為這是「折磨」，就是「不人道」。

而我們應該更客觀地看待問題，當別人對我們否定的時候，當別人對我們提出看似不合理的要求的時候，當我們做自己並不願意做的事情的時候……你是否能夠忍受，如果能夠忍受這些，甚至珍惜這份「折磨」，也就意味著成熟的開始。

我們常說，人非聖賢，孰能無過？在職場中也一樣，能力再強，學問再高，也不能保證每件事情都做得正確。

其實犯錯誤，也是獲得職場經驗，更快提升自己的一種方式。只要不是有心之錯，犯錯誤並沒什麼可怕的，只要改過來就可以了。怕的就是怕犯錯，更怕認錯。甚至找各種藉口來為自己狡辯。

其實怕認錯主要是那些還不夠成熟的職業人的自尊心在作怪。他們總覺得認錯會丟面子，甚至把認錯等同於承認自己無能，實際上，懂得主動認錯不僅不會讓別人看不起，反而會增加別人對自己的信任感。

許多職場人士想向別人請教事情，但又不願去做，歸根結底是覺得自己可能會被反駁、否定，甚至批評——你怎麼這麼笨，你怎麼什麼都不懂，你怎麼……所以寧願自己假裝明白了，也不願意開口問人。

但是，拿不準的事情，一定要請教他人。一定要有從零開始的學習心態，困難都是自己製造的，你還沒有問，你怎麼知道自己會挨罵？而且，即使被罵，你獲得了自己想要的答案，或者你又掌握了一個新的工作技巧，等等，那麼這樣的價值遠遠超過了你所謂的「自尊」。如果你怕被罵的理由是你那捧著怕掉含著怕化的「自尊」的話，那麼，那種藏著掖著的「自尊」是脆弱的，不堪一擊的，真正強大的人，真正有自尊的人，就是把自己放在鋒利的困境中逐漸成長的。

我們都不喜歡被否認，我們都不喜歡被批評，我們更不喜歡被上司「惡語相向」，但是，逃避並不是一個很好的出路。我們要做的不是畏懼困難，而是在面對這樣的危機時，堅實地踩出一步一步成長的腳印。我們用更好的自我提升、更好的業績、更好的工作結果、更好的效率，把所有的批評的聲音扼殺在別人的肚子裡。

賈伯斯在史丹佛大學演講時說：「Stay Hungry. Stay Foolish.」（求知若饑，虛心若愚。）這話正說出了一個職場非常重要的道理——「內行人的姿態，外行人的心態。」

有內行人的姿態，意味著你要很自信，你就是做這行的，就是這行的「專家」。所以，不要輕易被別人的評價和否定牽著鼻子走，不然你就很難在這個行業裡站穩腳跟。

有外行人的心態，就是要學無止境，永遠當個學生，虛心學習。可以不終身受雇，但一定要終生學習。決定一個人未來競爭力的，絕對不是你過去的學歷、資歷乃至現有的能力，而是你不斷在成長的學習力！

第三章

一切以「結果」論英雄

別投機，千萬要務實

許多職場人士卻無法正確認識自己，找不到自己的定位，所以總是認為現在的工作沒辦法實現自己的價值，覺得自己應該得到更高的職位。這種浮躁心態，不僅不利於工作，而且對職場人士個人價值的提升也毫無益處。對於一個職場人士來說，最好的位置不一定是最高的，而是最合適的。

很多職場人士對自己抱有不切實際的期望，認為自己一開始就應該受到重用，不願意從最基本的工作做起，認為基層的工作沒有任何意義，對自己毫無價值。

其實，任何一位職場人士接受基層的工作鍛鍊都是非常有必要的。基層的工作可以幫助他們在踏實的努力中更好地看清自己，認識自己的價值所在，也能夠不斷提升自己的價值，更好地找準自己的位置。

再者，對於剛步入職場的新人來說，無論你多麼有能力，無論你有多大的雄心壯志，由於你沒有工作經驗，僅僅從簡歷上的那些資訊不足以說服公司把你放到重要位置上。此時，一定要對自己有個準確的定位，認識到自己在經驗上的欠缺，把自己放低，因為你的能力還沒有從實踐中得到表現，你只能從最基本的工作開始，在工作中不斷發揮自己的才能，一旦你的能力得到充分凸顯，老闆是不會把你放在低位上浪費人才的。

巴納姆效應是由心理學家伯特倫·福勒提出的一種心理學現象，它可以解釋為：每個人都覺得一個籠統的人格描述特別適合自己。即使這樣的描述非常空洞，他仍然認為反映了自己的人格全貌。人們之所以受巴納姆效應影響，很大一部分原因是因為人們不能正確認識自己。但是，一個人要想在職場上立足，正確認識自己又是必需的。因為只有正確地知道自己的優勢和劣勢，我們才能把自己放在正確的位置。當然，我們在看到自己的長處同時，也要注意不要被長處蒙蔽，要做到越是在長處與優秀面前，越是保持理智。

企業要求「從基層員工做起」，一般出於三個考慮：一者，從基層幹起，才能瞭解企業生產經營整體的運作，日後工作中方能更得心應手；二者，從基層幹起，有利累積經驗、誠信和人氣，這是擔當重任不可缺少的要素；三者，從基層幹起，可讓員工經受艱苦的磨礪和考驗，體驗各個崗位乃至人生奮鬥的艱辛，更加懂得珍惜，企業也便於從中發現人才，適才而用。一句話，發現人才、培養人才、重用人才，必然要求員工從基層做起，從多崗位操練做起。

有道是，要學會跑，先學會走。貪高貪大、希圖一步登天，還不會走就想學跑，那顯現的是浮躁，結果只能是欲速而不達。

亞當·斯密有句名言是這麼說的：「能力是分工的結果，而不是分工的原因。」所以，如果我們真的瞭解底層工作，就會發現，在分工高度細化的當今社會，所謂的底層工作，往往是重複性的、機械性的工作，根本不能提高我們的工作能力。這就是下崗工人很難再就業的重要原因。如果讓一個清華畢業生每天在生產線上工作10個小時，不出3年，他的專業知識肯定全部報銷，你說他有什麼能力可提高呢？

更可怕的是，如果一個人從一開始就被放到了一個很低的層次上面，做別人都不願意做的事情，他就很容易被最底層、最沒水準的單調重複性工作折磨成一個既悲觀又狹隘的人。因為在低層次的地方，資源和機會是非常有限的。更要命的是，由於人員素質的參差不齊，鬥爭與內耗往往十分激烈而且赤裸裸。許多人在到達上一層之前，也許早已元氣大傷、銳氣全無了，他們把太多的熱血流在了污泥裡。

底層不代表基層，不一定每個人都要從底層做起。從基層做起只是說，職場人要有一種虛心向上、踏實的決心和毅力。但是，如果能力擺在了較高水準上，能夠有更好的發展，就再好不過了。

從底層做起，一步一步前進，看起來很務實，但是也可能前途灰暗，使自己喪失最初的希望和熱情，迷失了方向。導致自己陷入僵化的生活，最終連從中逃脫出來的願望都喪失了。著名的成功學家拿破崙・希爾對此也有過很經典的論述，他說：「這種從基層幹起，慢慢往上爬的觀念，表面上看來也許十分正確，但問題是，很多從基層幹起的人，從來不曾設法抬起頭，以便讓機會之神看到他們。所以，他們只好永遠留在底層。我們必須記住，從底層看到的景象並不是很光明或令人鼓舞的，反而會增加一個人的惰性。」

隨著就業嚴峻形勢的加劇，很多曾經的天之驕子在巨大的恐慌中被迫妥協，被迫從底層做起，被迫選擇「先擇業再就業」。可以說，這是一個很盲目的狀態。因為，即使大環境再艱難，優秀的人依然還是能找到好工作的。雖然不能太把自己當回事，但也不能太不把自己當回事了，更不能被短暫的困窘蒙蔽了雙眼。

在職場裡，有些人本身可能沒什麼大志向，卻偏偏被命運推著走。有些人不想鬥爭，卻偏偏捲進鬥爭漩渦。有些人抱有野心，卻偏偏不得志。其實這個問題很簡單，如果職場是一條高速公路的話，那麼它有三條快車道，在各自車道上行駛的人都不會有任何問題，而想要跨越車道或者多占幾條車道的人都會出事。這些所謂的車道，就是職場價值觀。價值觀沒有好壞只有高低。處於高階的價值觀不一定幸福，處於低階的價值觀也不一定就難受。

業績是最好的頂樑柱

作家鄒當榮曾寫過一篇小小說——《老總給我擦皮鞋》，內容是這樣的：

我進入一家公司，該公司由於市場下滑，其下屬的食用油廠負債累累。為了打好翻身仗，公司做出決定，提出了銷售產品直接進家庭的方案。

所謂的「直接進家庭」，就是員工踩著宣傳三輪車進入社區現場叫賣而已。但是這種做法是不是可行還不確定，於是公司總經理想派一個人去驗證一下。我自告奮勇成了這個業務員，並且當場表示，不僅要現場去銷售食用油，還要在各社區建立銷售網絡。當我決定把皮鞋擦亮去做銷售員的時候，公司老總說：「如果你能在社區打開食用油的銷售市場，你的皮鞋我幫你擦。」

一個星期之後，我出色地完成了任務，回到公司我正想擦自己的皮鞋，而公司的老總卻搶過鞋油為我擦起了皮鞋。

年底的時候，我走上了那個最重要實體的經理崗位。

在職場上，你的業績就是你的良弓，只有不斷努力提高自己的價值，提升自己的業績才能做到名副其實，只有花架子而無真本領的人，無法贏得他人的尊重與賞識。任何看起來華麗但無實際用處的外在因素，都不能夠決定我們的內涵與價值，要證明自己的能力，唯有靠真本領來取得過人的業績。

俗話說得好，不要聽一個人所說的，當看一個人所做的。職場中，業績是檢驗優劣的標準，是證明能力的尺度。一個員工是否優秀，關鍵要看他所創造的業績。一個企業要贏得核心競爭力，要的也是業績，而業績的實現要靠員工的努力來實現。

然而，現實中許多員工總在抱怨公司為自己做得很少，身具非凡的能力卻沒有得到重用，一切平庸全是老闆的錯……他們總是找出種種理由和藉口，為自己的平庸開脫。

工作中我們隨時隨地都會看到一些平庸的員工。他們在應付中生活，在應付中工作，做一天和尚撞一天鐘，從不打算去盡力創造傲人的業績。他們沒有奮鬥目標，沒有成就感，終日心思惶惶，過著痛苦的生活。

作為職場人士，我們只有在相同的環境、相同的條件下，創造出更多的業績，才能得到老闆的賞識和器重。

沒有人去注意你過程的酸甜苦辣，榮譽只會給予創造業績的英雄。臺下三年功，臺上三分鐘。你業績眾人，出類拔萃，獲得大家一致的認同、你就是冠軍。只有這時你才有資格去談論你過程中的酸甜苦辣。

通常而言，一個成功老闆的背後，必定有一群能力卓越、業績突出的員工。如果你在工作的每一階段，總能找出更有效率、更經濟的辦事方法，你就能提升自己在老闆心目中的地位。你將會被提拔，會被實際而長遠地委以重任。因為出色的業績，已使你變成一位不可替代的重要人物。

當今是資訊時代、高科技的時代，不再以探索系統知識為標準，而是以追求業績為標準。社會實踐是人類有目標，有目的的活動。員工工作實踐作為整個社會實踐的一個組成部分，它同樣是有目標、有目的的活動。而人類不同的社會實踐活動雖然所追求的目標、任務不盡一致，但卻有一個共同點，那就是都要取得令人滿意的業績。

業績不是忽悠出來的。任何一個老闆都希望自己擁有優秀的員工，能不折不扣地完成任務，即使沒有完成任務，也能主動承擔責任而不是做漂亮的表面功夫或者找藉口。有的時候，表面的工作會讓你的業績看上去更加漂亮，短時間內，你也許會有一些好處。但是，長此以往，當這種做法成為你的習慣的時候，真正品嘗苦果的是你自己。比爾·蓋茲時常告誡員工「如果大家都在玩弄表面的花樣，那麼，微軟離破產就只有15個月！」

不僅要能幹，還要肯幹

境界不同，在職場中的發展潛力也就不同。

能幹，只是合格員工最基本的標準，而肯幹則是優秀員工最基本的態度。能幹工作、幹好工作是職場生存的基本保障。任何人做工作的前提條件都是他的能力能夠勝任這項工作。能幹是合格員工最基本的標準，肯幹則是一種態度。如果一個人要嶄露頭角，那麼必須在平凡的崗位上踏實肯幹，才能實現由平凡到卓越的蛻變。

提起踏實肯幹，很多人會想起「老實」這個詞，但當今時代踏實肯幹包含著更多的含義。踏實肯幹，就是愛崗敬業、奮發有為、百折不撓。以旺盛的精力、高度的責任感「幹一行、愛一行、精一行」。

踏實肯幹需要對工作充滿熱情。有了工作熱情，工作不僅是一種責任，更是一種樂趣，還是一種收穫。有人曾列出這樣一個公式：人的價值＝人力資本×工作中的熱情×工作能力。公式幫助熱情對於事業發展、自我價值的實現甚為重要。有了工作熱情，可以釋放出一個人巨大的潛在能量，把「工作中的不可能」變成現實，把現實演繹「芝麻開花節節高」。

做些分外事，可以讓上司看見自己的工作能力，也是自己敬業的表現。一些看起來不起眼的小事，也能反映出一個人的工作細緻程度以及工作態度。對於有積極心態和主動做事的人來說，「機會空間」的大門從來都是敞開的。

積極主動的人都善於跳出工作合同上所界定的條條框框，並主動去填補其中的模糊空間。在工作中，只要認定那是要做的事，就立刻採取行動，而不必等老闆做出交代。員工只有積極主動，才能發揮出自己的才能和潛力。

在職場中，就是業績為王。每個領域都會有考核人的標準，學術領域看你有沒有提出學術成果，職場就看你有沒有業績。

你沒能完成工作任務，也許不是因為你缺乏足夠的能力，或者行之有效的解決方法，而只是因為你缺乏埋頭苦幹的精神，缺乏專注執行和落實的工作習慣，在該做的時候沒有去做，在需要發揮作用的時候沒有發揮自己的作用。你只有把工作任務完成了，把工作做出色了，才說明你很「能幹」，才可能得到公司的重用。

貝爾效應是美國佈道家、學者貝爾提出的，它主要是指一個人想著成功，成功的景象就會在內心形成。換句話說，有了成功的信心，就等於成功了一半。

貝爾效應給我們的啟示是：不論環境如何，在我們的生命裡，均潛伏著改變現時環境的力量。如果你滿懷信心，積極地去面對我們的生活和工作，那麼工作和生活就會在你的努力下變成你想要的模樣。你可以達到成功的最高峰。

很多事情我們做不好，並不在於它們難，而在於我們不敢做。其實，人世中的許多事，只要想做，並相信自己能成功，我們就一定能做成。所以，對那些說你根本就不會成功、你生來就沒有成功者的底子、成功不是為你準備的等閒言碎語，你完全可以置之不理，只要你相信自己，完全可以用你的行動來證明你可以成功。

承認不公平，然後繼續奮鬥

職場不是一場辯論，在這裡，沒有公平的法官出席。也許，它給別人的全是玫瑰花，而給你的則是刺人的荊棘。能夠理解並熱愛生活的人絕不會強求生活給自己玫瑰，而是把自己手中的荊棘變成玫瑰。

在我們這個世界上，許許多多的人都認為公平合理是生活中應有的現象。我們經常聽人說：「這不公平！」或者「因為我沒有那樣做，你也沒有權利那樣做。」我們整天要求公平合理，每當發現公平不存在時，心裡便不高興。應當說，要求公平並不是錯誤的心理，但是，如果因為不能獲得公平，就產生一種消極的情緒，這個問題就要注意了。

公平與平等，或者說公平原則與平等原則，都屬於價值觀的範疇，且它們有一部分內容是重合或交叉的，如機會的平等、競爭規則的平等屬於公平的範圍，這是它們的聯繫。同時，公平與平等又是不同的價值觀：如果說，平等強調的是某種「同」，那麼公平強調的則是某種「異」。公平是以承認差異為前提的，由此我們可以一般地說，所謂公平就是一種合理的差異，這與平等以同一尺度來衡量形成反差。同時，公平與平等的內容可以是矛盾的，如結果的平等基本上屬於不公的範圍。在職場，人們也開始談論「寧要不平等的公平，不要平等的不公平」；不怕「公平的不平等」，就怕「不公平的平等」。這些說法就是突出了公平與平等的區別。

一個人被其他人需求的程度決定了他所能取得的成就的大小。如果世界上每一個人都需要他，那麼這個人就是世界上最偉大的、人人最不可或缺的人。如果你能找出更有效、更經濟的辦事方法，你就能提升自己在老闆心目中的地位。老闆會邀請你參加公司決策，你會被調升到更高的職位，因為你已變成一位不可替代的人物。

職場新人習慣要求公平合理，應當說這並不是一種錯誤的心理，但是，如果因為不能獲得公平，就產生一種極度消極的情緒，甚至影響到你的生活和工作態度，這個時候就要注意了。

這個世界不是根據公平的原則而創造的，譬如，鳥吃蟲子，對蟲子來說是不公平的；蜘蛛吃蒼蠅，對蒼蠅來說是不公平的；豹吃狼、狼吃獾、獾吃鼠、鼠又吃……只要看看大自然就可以明白，這個世界並沒有絕對的公平。

當我們沒有意識到或不承認生活並不公平時，我們往往憐憫他人也憐憫自己，而憐憫自然是一種於事無補的失敗主義的情緒，它只能令人感覺比現在更糟。我們不能完全改變世界的不公平，但我們可以改變自己的態度。面對生活中的種種不公正，關鍵就在於你能否以一顆平常心去面對。

承認不公平的一個好處便是能激勵我們去盡己所能，而不再自我傷感。我們承認不平等的這一客觀事實，並不意味著一切消極的開始，正因為我們接受了這個事實，我們才能放平心態，找到屬於自己的人生定位。認清現實是第一步，接受現實是第二步，然後才有改變現實的可能。在這個過程中，抱怨與不滿只會增加你獲得成功的成本與時間。所以初上職場的人，要求什麼也別要求公平。與其把時間與精力浪費在要求公平上，不如自我突破，透過你的努力變成制定規則的人。

在生活中，有一種說法：世界上80%的財富只掌握在20%的人手中。你知道這是為什麼嗎？這是因為這20%的人善用一個法則——吸引力法則。在他們心中更多的是關注怎麼成功，怎麼取得財富，把自己的心思更多地放在自己想要的東西上。不僅如此，在西方，人們還發現了一個驚人的秘密：如果人們堅持不懈地關注心中的某個想法，那麼他的行動也會不知不覺向所想的方向發展。比如，你關注快樂，那麼你就會想方設法讓自己變得更快樂；你關注成功，那麼你就把成功默念在心，並透過行動讓自己成功。

其實，吸引力法則更多的是強調的一種心態。在生活中，如果我們過分關注社會的不公平，那麼，我們就只能看到生活的黑暗面。同樣在職場，如果我們太關注職場上的不公平，我們只會讓自己活在抱怨裡，並時時覺得自己懷才不遇。這時，如果我們懂得吸引力法則，少點抱怨，更多去關注積極，去樂觀適應，或許你就會驚奇地看到自己期望的東西正在如願實現。

老闆只為結果付報酬

一位農民種了2畝地的西瓜，長勢不錯，眼看就要豐收了。一陣冰雹襲來，將滿地的西瓜砸得稀里嘩啦，幾乎找不到一個完整的了。老農正在傷心，突然眼前一亮，他竟發現在一個沒有倒塌的木架下面還有一個完整的大西瓜。這位老農高興極了，帶著這個大西瓜到了市場上，標價1千元，少1塊錢也不賣，很多人都笑話他：「你這個西瓜怎麼這麼貴呀！別人的西瓜比你這個好，才1塊錢一斤。」老農說：「當然了，別人的西瓜沒有挨冰雹砸，豐收了，當然賣得便宜，而我的滿地西瓜都被冰雹砸沒了，就剩這一個了，我這麼辛苦、這麼不幸，只有賣這麼貴才能彌補我的損失和辛苦。」

企業作為一個經濟實體，以贏利為第一目的，為了達到這個基本目的，老闆們常常要解雇那些不努力工作的員工，同時也會吸收新的員工進來，這是每天都會有的一些常規的整頓工作。不管業務多麼繁忙，這種優勝劣汰的工作制度一直在進行之中，不僅僅是在經濟蕭條時期。

那些無法勝任、不忠誠敬業的人，都被擯棄於就業大門之外，唯有擁有一定的技能並且努力工作的人，才會被留下。最可悲的是，抱怨者始終沒有清醒地認識到一個嚴酷的現實：在競爭日趨激烈但工作機會來之不易的今天。不珍惜工作機會，不努力工作而只知抱怨的人，不管他們的學歷是否很高，他們的能力是否能夠滿足基本的工作要求總是排在被解雇者名單的最前面。

不僅要努力做事，更要做成事！聯想集團有個很有名的理念：「不重過程重結果，不重苦勞重功勞。」也許還有很多人對這個理念難以認同，主要是在感情上難以接受，因為在我們的傳統觀念中，評價一個人的好壞常常用是否「任勞任怨」、「刻苦努力」來做標準，而很少去過問這個人為公司創造了怎樣的價值，能否把一個好的結果帶給公司。源於這些思想的氾濫，才出現了各行各業的形式多樣的表面工程——表面是在努力工作，最終並不能帶來好的結果，所做的大部分工作都成了無用功。

很多優秀的人士都是注重結果的人，也正因為這種結果導向，才成就了他們的優秀。

通用公司前CEO傑克．威爾許一直奉行這樣的理論：不斷地裁掉績效最差的10％的員工，對公司的發展至關重要。各層經理每年要將自己管理的員工進行嚴格的評估和分類，從而產生20％的明星員工（「A」類），70％的活力員工（「B」類）以及10％的落後員工（「C」類）。

比爾．蓋茲最支持這種觀點。「能者上，渾水摸魚者走人。」是微軟的基本用人原則。微軟是一個完全以成功為導向的公司，用「處處以成敗論英雄」的方式自動選擇和淘汰員工。為使企業保持絕對的競爭力，並使員工保持一定的競爭壓力，微軟採取定期淘汰的嚴酷制度，每半年考評一次，並將績效差的5％的員工淘汰出去。微軟從不以論資排輩的方式去決定員工的職位及薪水，員工的提拔升遷取決於員工的功勞。

在工作中，有一句話常常被提到：「沒有功勞也有苦勞。」特別是那些能力不夠的、對待工作沒有盡力的人，這句話常常被用來安慰自己，也常常成為抱怨的藉口。他們認為，一項工作，只要做了，不管有沒有結果，就應該算他們做出了成績。

在當今企業中，有不少職場人存在這樣的想法。當上司交給的任務沒有成功地完成的時候，就會產生「沒有功勞也有苦勞」的觀念，覺得管理者會諒解自己的難處，會考慮自己的努力因素。

著名企業戰略專家姜汝祥在《請給我結果》一書中，強調了「完成任務≠結果」這樣一個理念，轉錄如下：

我們要懂得一個基本道理：對結果負責，是對我們工作的價值負責；而對任務負責，則是對工作的程序負責，完成任務≠結果！

自我，就是有自己思想的人

法國思想家巴斯卡有一句名言：「人是一枝有思想的蘆葦。」他的意思是說，人的生命像蘆葦一樣脆弱，宇宙間任何東西都能置人於死地。可是，即使如此，人依然比宇宙間任何東西高貴得多，因為人有一顆能思想的靈魂。我們當然不能也不該否認肉身生活的必要，但是，人的高貴卻在於他有靈魂生活。作為肉身的人，人並無高低貴賤之分。唯有作為靈魂的人，由於內心世界的巨大差異，人才分出了高貴和平庸，乃至高貴和卑鄙。

沒有思想的人生，活著很痛也不快樂；有思想的人生，活著很痛但是快樂。

職場人如果沒有思辨和質疑精神，只是一味把老手、上司和權威的話當作行為的準則，人家說什麼就是什麼，人家教什麼就做什麼，那麼很難培養起自己的獨立思維能力，也很難學到真正屬於自己的知識和技能，更難讓自己快速提升、快速成長。反過來，如果我們能夠積極地思辨，大膽地質疑，那麼，即便我們提出的想法與觀點略顯稚嫩，不完全成熟，甚至是錯誤的，但是我們畢竟能從中真正學到東西，有所收穫，而這種大膽質疑的勇氣也會得到有識之人的欣賞與喝彩。古往今來，各行各業的傑出人士，他們的成功與成就在很大程度上都離不開這種質疑精神。

一個盲從的社會，很難進步，一個盲從的人，很難成長。我們年輕人最大的優勢就在於年輕，不僅是年齡上的年輕，更是思想上、思維上的年輕，這種意義上的年輕才是我們對於這個社會而言最大的價值所在。因此，當我們在職場裡的時候，不要想著自己只是一個新手，是一個毫無累積的「門外漢」，就不敢去表達自己的意見，不敢有自己的獨立思考。因為這個時候阻礙我們自己意識和想法的人，正是我們自身。從心理上來說，這是一種自我阻礙，和不信任自己的表現。

人要勇敢地做自己的上帝，因為真正能夠主宰自己命運的人就是自己，當你相信自己的力量之後，你的腳步就會變得輕快，你就會離成功越來越近。

從21世紀的競爭來看，社會對人才素質的要求是很高的，除了具備良好的身體素質和智力水準，還必須具備生存意識、競爭意識、科技意識以及創新意識。這就要求我們從現在開始注重對自己各方面能力的培養，只有使自己成為一個全面的、高素質的人，才能在未來的競爭中站穩腳跟，取得成功。

人若失去自我，是一種不幸；人若失去自主，則是人生最大的缺憾。赤橙黃綠青藍紫，

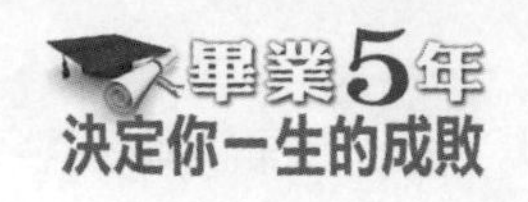

每個人都應該有自己的一片天地和特有的亮麗色彩。你應該果斷地、毫無顧忌地向世人展示你的能力、你的風采、你的氣度、你的才智。在生活的道路上，必須自己做選擇，不要總是踩著別人的腳印走，不要聽憑他人擺佈，而要勇敢地駕馭自己的命運，調控自己的情感，做自己的主宰，做命運的主人。

善於駕馭自我命運的人，是最幸福的人。只有擺脫了依賴，拋棄了拐杖，具有自信、能夠自主的人，才能走向成功。自立自強是走入社會的第一步，是打開成功之門的鑰匙，也是縱橫職場的法寶，在職場中，上司不喜歡唯唯諾諾的下屬，不喜歡沒有自我，沒有主見的員工，相信自己吧，你就是最棒的！

團隊力量勝過個人英雄

團隊並不是一群人的機械組合。一個真正的團隊應該有一個共同的目標，其成員之間的行為相互依存、相互影響，並且能很好地合作，追求集體的成功。團隊工作代表的是一連串鼓勵成員間傾聽他人意見並且積極回應他人觀點、對他人提供支援並尊重他人興趣和成就的價值觀念。一個優秀的團隊必須是擁有創新能力的團隊，團隊中的每個成員都習慣改變以適應環境不斷發展變化的要求。

現實中，我們衡量一個團隊是否有競爭力，是否能夠永續發展，到底看什麼？是看這個團隊的理念有多麼先進，還是看這個團隊資金有多麼雄厚？是看這個團隊的科技含量有多高，還是看這個團隊擁有多少高科技人員？這些都不是決定因素，關鍵還是要找出團隊內部的決定因素。而這個決定因素實際就是團隊是否有團隊精神，團隊的成員是否具有團隊意識。

你應該在情感上與團隊合二為一，擁有一種這樣的意識：團隊就好比我們的船，只要我們上了這艘船，我們就和它捆綁在一起了。這條船就是我們的船了。船的前途就決定著我們的前途，船的命運就決定著我們的命運。我們就是團隊，我們和團隊成為一體。船翻了，我們就會葬身大海。在情感上與團隊合二為一，你才會盡你最大的力量去守護它，為它付出。

如果用自然界的一種物質來形容個性，最恰當的就是水了。激烈的時候洶湧澎湃，沉靜的時候溫婉緩和，無論有沒有個性，個性張揚到什麼程度，水，都能屈能伸，能依外部的環境而變化。「職場透明人」，要把禁錮自己的孤堡化為水，雖然也透明，卻力量無窮。

巨人效應又稱作「巨人影子」，它來源於一個關於巨人的寓言故事。說的是一個巨人認為自己太強大，即使他患了夜盲症，看不到光線，他也沒有覺察到有什麼不妥，因為他認為別人和他一樣也看不到光線。後來人們就把這種被自己某方面強大的影子遮住視線的現象稱作巨人效應。

巨人效應在生活中，被人們闡述為：人們總是看到自己的優點，而不善於關注自己的不足，越是優秀的人，越是不容易看到自己的缺點。也因為優秀，他們往往會過高的估計自己的成績和長處，把自己凌駕於團隊之上，認為自己是企業的「救世主」，認為團隊只是自己的附屬，這樣的人崇尚著完全的個人英雄主義，從而把自己擺放在不恰當的位置上，以致失去別人的支持，最終被眾人拋棄。

在每個人的職業生涯中，凡事必須從大局出發，以大局為重，不顧大局就有可能出局。在歷史上，我們可以發現，很多有優秀才能的人，因為個人性格、情感中的某些缺陷，在做事的過程中，不能從大局出發而立足長遠，不能把握實際效果，不能從利害關係出發，從而鑄成大錯，造成嚴重的損失，甚至一失足成千古恨。在當今的市場經濟中，各方人才八仙過海，各顯神通，一大批優秀人才脫穎而出。同時，人們也不難發現，一些業績突出卻自命不凡的人在公司內處境艱難；一些精明能幹但過於計較得失的員工不為公司所接納，成為行色匆匆穿梭於各個招聘場的人。這樣「有才華」的人在職場中為什麼不能被用人單位所容納和重用，恐怕不只是缺乏「伯樂」，而在很大程度上是因為他們沒有處理好個人與整體的關係。在老闆眼裡，全域高於一切，一個單位的整體利益肯定是至高無上的。一個自私自利的人，一個只為小團體或部門利益著想的人，一個心中只有「我」而無「我們」的人，是登不上老闆的優秀員工名單的。

相信自己就是幫自己成功

未來學家佛里曼在《世界是平的》一書中預言：「二十一世紀的核心競爭力是態度。」這就是在告訴我們，積極的心態是個人決勝於未來最為根本的心理資本，也是縱橫職場最核心的競爭力。

自信是積極心態的一部分，一個人要想在職場中獲得成功，自信是必不可少的一部分。

在職場中，一個失去自信的人，就會否定自我的價值，他的思維很容易走向極端。在工作的過程中，往往會因為自己的不自信而把困難擴大，在別人眼中不值一提的問題，在他的眼中就成了前進中最大的障礙，這樣的人怎麼能突破困境，做到出類拔萃呢？

在工作中，擁有積極心態充滿自信的人，在遇到困難的時候，會比較淡定。因為他們懂得困難只是暫時的，終究會解決的。在困難面前也表現不出更大的壓力，這時候反而會主動地學習，積蓄能力，主動進取，以求找到解決問題的辦法把事情做得更好。

美國成功學院對1千名世界知名成功人士的研究結果表明，積極的心態決定了成功的85%！對比一下身邊的人和事，我們不難發現，很多自信的人工作起來都非常積極、有把握，並且取得了出色的工作業績；而那些總認為「我不行」、「做不了」、「我就這水準了」的人，儘管有過多年的工作經歷，但工作上始終沒有什麼起色或前進。

所以，職業生涯的第一步就是要選擇好自己的職業態度。自信心是源自內心深處、讓你不斷超越自己的強大力量，它會讓你產生明顯毫無畏懼、戰無不勝的感覺，這將使你工作起來更加積極，胸有成竹。

在我們身邊，工作中常會遇到這樣的情況：挫折襲來，有的人始終不能產生足夠的自信心，從而一蹶不振；有的人卻能在焦慮和絕望後迅速產生強大的自信心，從而拚勁十足地實現目標。

其實，產生這種差異並不是完全由先天因素決定的，而往往是因為前者平時不注重自信心的培養，到了需要時得不到想要的自信心；後者卻經過長期的自我訓練，使自己的自信心產生得越來越快，越來越強。

有人總結出，在激烈競爭的職場中，必備5個C才能立於不敗之地：Confidence 信心、Competence 能力、Communication 溝通、Creation 創造、Cooperation 合作，在這5個C中，首當其重的是信心，信心代表著一個人在事業中的精神狀態和把握工作的熱忱以及對自己能力的正確認知。有了這樣一份信心，工作起來就有熱情有衝勁，可以勇往直前。當然，有的時候我們也會面對失敗和挫折，但這些並不可怕，每當你經歷一次打擊便學到一份知識，便累積一次力量和勇氣。所以，在任何困難和挑戰的面前首先要相信自己。

是欺騙自己、曲解現實還是坦誠接受現實，是自信和自卑的分水嶺，自信是勇於調整自己適應環境，即：現實發生了變化，與自己的期望不一致時敢於直面現實、接受現實、並能適應和改造現實，這是自信的重要層面。他們懂得世界在變化、社會在變化、行業在變化、企業在變化、工作環境在變化、周圍的人在變化、自己也必須隨之變化，而只有「變」是不變的。現實中碰到了巨大的困難，自信的人會千方百計地尋找不同的思路和方法走出危局。

出頭鳥是造出來的

很多教育學專家都曾拿中美文化教育進行過對比，中國學生與美國學生所接受的教育中，有一個極為明顯的差異，那就是中國學生從小就被家長、老師教導要「謙虛謹慎」，即使自己有好的想法，即使自己能勝任某事，也不好意思表露出來，總習慣於「藏著掖著」；而美國孩子接受的教育則是要積極進取，要展現自己的個性與自我，他們敢於表達自己，表現自己，不懼於做一隻「出頭鳥」。而真正的「出頭鳥」在面對機遇的時候，也是外向性的、主動性的。

一個企業培訓師在授課時講到這樣一段話：「價值是一個變數。今天，你可能是一個價值很高的人，但如果你故步自封，滿足現狀，明天，你就會貶值，被一個又一個智者和勇者超越。今天，你也可能做著看似卑微的工作，人們對你不屑一顧；而明天，你可能透過知識的不斷豐富和能力的提高，以及修養的昇華，讓世人刮目相看。不換腦袋就換人。」

時代的前進不會因為某個人的落後而停止。如果你的進步跟不上時代的腳步，那麼，等待你的就只能是被淘汰。

時代的前進是不會停止的，新設備、新技術、新方法也會不斷引入我們的工作中。面對這種變化，你有沒有考慮過給自己的工作能力也進行更新，從而為這種變化做好準備呢？

在這種情況下，如果你不想被你的工作所淘汰，你就要有意識地多做準備，在工作中逐步提高自己的能力。

機會就是資訊，有機會、有資訊才會在職場的博弈舞臺上獲得成功。

時光匆匆而過，我們的追求永遠不會停止，我們的生活也永遠不會完美。為了使我們的職業生涯更有意義，我們必須知道什麼東西應該認真等待，什麼東西不能等待，而應該及時抓住機會。我們可以等待每天太陽從東方升起來，我們可以等待月亮再次變得很圓，但很多東西不能等待。千萬別像陸幼青那樣，到最後發現自己的生命只有100天的時候，再來寫《死亡日記》，那樣有點太晚了。陸幼青還算是偉大的，他最後終於完成了《死亡日記》，為人類留下了一份珍貴的遺產，但是他畢竟失去了生命，所以很多東西我們是不能等待的。

職場成功的意義是掌握主動，去做使自己的人生更加豐富和美好的事情。我們應該主動去尋找我們事業中最有意義的事情，我們要時刻準備著，鍛鍊一顆有準備的頭腦，以免在機會來臨的時候與它失之交臂。

如果你看了林肯的傳記，瞭解了他幼年時代的境遇和他後來的成就，會有何感想呢？他住在一所極其簡陋的茅舍裡，既沒有窗戶，也沒有地板；以我們今天的觀點來看，他彷彿生活在荒郊野外，距離學校非常遙遠，既沒有報紙書籍可以閱讀，更缺乏生活上一切必需品。就是在這種情況下，他一天要跑二、三十里路，到簡陋不堪的學校裡去上課；為了自己的進修，要奔跑一、兩百里路，去借幾冊書籍，而晚上又靠著燃燒木柴發出的微弱火光閱讀。林肯只受過一年的學校教育，處於艱苦卓絕的環境中，竟能努力奮鬥，一躍而成為美國歷史上最偉大的總統，成了世界上最完美的模範人物。

偉大的成功和業績，永遠屬於那些富有博弈精神的人們，而不是那些一味等待機會的人們。任何一種良好的機會，完全在於自己去創造。如果以為個人發展的機會在別的地方，在別人身上，那麼一定會遭到失敗。機會其實包含在每個人的人格之中，正如未採的橡樹包含在橡樹的果實裡一樣。

「我沒有機會」，這位生長在窮鄉僻壤茅舍裡的孩子，怎會進得了白宮，怎會成了美國總統？而同一時代那些生長在有圖書館和學校的環境中的孩子，其成就反不如茅舍裡的苦孩子，這又如何解釋呢？再看那些出於貧民窟的孩子們，有的不是做了議員嗎？有的不是做了大銀行家、大金融家、大商人了嗎？那些大商店和大工廠，有許多不就是由那些「沒有機會」

的孩子們靠著自己的努力而創立的嗎？

因此，「我沒有機會」，這只是失敗者的推諉之辭。

如果一個人一直在期盼別人用銀盤子雙手把機會送到他面前，那他只有失望的份。聰明的人是不等待「機會」的到來，而是主動撲向機會，從機會中贏得成功。

第四章

誰來決定了你的薪水

要體面還是要發展

在職場上，很多人因為太好面子，都不願意去做那些在別人眼裡「低人一等」的工作。即便是有時候他們做了，當別人問他們從事的是什麼職業時，他們也會不好意思開口。

其實，這是完全沒有必要的。要知道無論你從事的工作多麼瑣碎、多麼平凡，都不要看輕看低它，所有正當合法的工作都是值得尊敬的。只要你誠實地工作，沒有人能夠貶低你工作的價值，關鍵在於你是如何看待自己的工作的。如果你不管什麼樣的工作也能夠用心地去對待，那麼未來的路一定能夠越走越寬。

或許你的工作，在別人眼裡，看來很「卑微」，但你自己千萬不要這樣想。實際上，工作不分貴賤。在這個世界上，沒有卑微的工作，只有卑微的工作態度。當一名製鞋工人並不是什麼不光彩的事，如果製出的鞋都是次級品那才是不光彩的事。《富比士》雜誌的創始人史帝夫・富比士曾經說過：「做一個一流的卡車司機，比做一個不入流的經理更為光榮，更有滿足感。」只要你做得足夠好，沒人會否定你的價值。

很多人，在偉大的崗位上做出偉大的成績，我們會覺得他很了不起；但是如果一個人在最不起眼的崗位上也能做出傲人的成績，那麼，更說明這個人了不起。

在這個世界上，有些工作確實不起眼，但同樣是幹不起眼的工作，有的人成為老闆最器重的人，高薪重位，而有的人卻一直碌碌無為，從來沒有被老闆注意過。是什麼造成了這樣的現象呢？是態度。如果你認為現在從事的是一份卑微的工作，短時間裡也沒有改變它的能力，那麼，正確的辦法應該是改變自己的態度，沉住氣，抱著一種化腐朽為神奇、化卑微為高尚的精神去做。那麼，終有一天，你會因為讓平凡的崗位發了光而變得不平凡。

被尊稱為「發哥」的香港演員周潤發，在成名之前也曾從事過不少現在年輕人嗤之以鼻的工作，他沒有看輕每一份工作，反而以親身經歷向年輕人說明：職業無分貴賤，不能輕視自己的工作。

發哥說：「工作無分貴賤，我做過信差、門童與雜工，日薪8元我都做過。電視臺第一份合約月薪500元、第二年700元，最紅時拍電視劇《狂潮》，月薪也只是700元。那又怎麼樣？有工作寄託起碼有奮鬥心，不要說『貢獻社會』那麼偉大，但可以證明自己的存在價值。工作是人生經歷，我的工作經歷，對演藝生涯十分有幫助，每個行業的人都要靠經驗摸索成長。」

工作無分貴賤，但是態度卻有尊卑，任何一份工作都包含著成長的機遇，任何一份工作都有可以學習的東西。一個成功者不會錯過任何一個學習的機會，即使是在店裡掃地的時候，他也會觀察老闆是怎樣和客人們打交道的，他們總是在觀察、學習、總結。也正是這種蟄伏的智慧，使得很多人在經歷「蘑菇」歲月後脫穎而出，成為同輩中的佼佼者。

享受工作，而不是享受薪水

「石油大王」洛克菲勒曾為教誨兒子能夠熱愛工作，把工作看成是一種快樂，寫給兒子一封信，信中他根據工作態度把人分為三類，第一類人把工作看成負擔和懲罰，因此經常抱怨、牢騷滿腹，常常說「累」；第二類人把工作看成是一種養家餬口的方式，因此雖然沒有任何怨言，只是為了工作而工作；第三類人把勞動成果看成是自己的一件藝術作品，是自己的一種成就，因此用積極的心態去工作，把工作看成是一種快樂。

「給多少我就做多少」是當今職場中一種較為普遍的心態。儘管當今社會，錢確實重要，儘管為薪水工作，看起來目的十分明確，但千萬別被短期利益蒙蔽了心智。工作不僅僅是為了掙份工資混口飯吃，更多的是為了一份興趣、一份快樂和一種成就感。老闆支付給我的工作報酬固然是金錢，但工作給予我的報酬，乃是珍貴的經驗、良好的訓練、才能的表現和品格的建立。尋思該如何多賺一些錢之前，不如多想想如何把工作做得更好。

美國傳媒巨頭 Viacom 集團董事長及首席執行長薩默．萊德斯通曾經說過：「實際上，錢從來不是我的動力。我的動力源自於對我所做的事的熱愛，我喜歡娛樂業，喜歡我的公司。我有一個願望，要實現生活中最高的價值，盡可能地實現。」

由此可見，一個人若只從他的工作中獲得薪水，而其他一無所得，那麼他無疑是很可憐的。因為他主動放棄了比薪水更重要的東西——在工作中充分發掘自己的潛能，把握工作中的每一次機遇，在工作中不斷增長自己的才幹。

在一個人的事業發展過程中，能力比金錢重要萬倍。

許多成功人士的一生跌宕起伏，有攀上頂峰的興奮，也有墜落谷底的失意，但最終都能重返事業的巔峰，俯瞰人生。原因何在？是因為有一種東西永遠伴隨著他們，那就是能力。他們所擁有的能力，無論是創造能力、決策能力還是敏銳的洞察力，絕非一開始就擁有，也不是一蹴而就，而是在長期工作中學習和累積得到的。

現實中，很多人把利益看得太重，把自己看得太重。比如在找工作時，他提出的待遇是3萬元，但是根據他的能力，你只能給他2萬8千，那這個人毫不猶豫地就走人了。

毋庸置疑，這個社會上，誰都想被別人看好，誰都想拿高薪做高職位。然而，要想充分受人認可，沒有足夠的資本和後勁是不可能「夢想成真」的。

所以，在找工作時，我們要清楚，薪水只是一個方面，關鍵是這份工作能不能歷練自己。如果這份工作能歷練自己，即使工資少，我們也要踏踏實實幹。要知道，沒有「背後」和「臺下」的低調歷練，我們便不會「一飛沖天」、「一鳴驚人」。

每個人大概都不止一次地抱怨過；我受夠了無聊的工作，這簡直是浪費生命，我要去尋找真正的生活！但是真正的生活在哪裡？無所事事一味玩樂嗎？無所事事的時間長了，會讓人心理充滿灰色的、無聊的東西，那可就更說不上快樂了。生活的樂趣，恰恰有很多是從工作中得到的。儘管我們會因此遇到很多煩心、喪氣的事，但是看看工作的成果，即使是很小的成果，你也會得到繼續努力下去的信心，如果碰巧這工作還是有益的，那就成了一種巨大的安慰和快樂。

從現在開始，我們也給自己一段時間去認真思考一下，怎樣從內心迸發出熱情和活力。你將很驚奇地發現，找到了工作的樂趣，無論從事什麼樣的職業都會很快樂。

在工作中尋找成就感；要善於在自己的工作中找到成就感，比如完成一個艱難的談判，做了一個客戶滿意的廣告，甚至只是找印了一份版式漂亮的文件。都可以讓我們感受到工作的樂趣。

我們對工作有一種享受的狀態，這種狀態就是我們所說的自我實現的熱情，使自己熱衷於所做的事業，而非單純地為了名和利。一些心理學家發現，金錢在達到某種程度之後就不再誘人了。人生的追求不僅僅只有滿足生存需要，還有更高層次的需求，有更高層次的動力驅使。其中，自我實現的需要層次最高，動力最強。

當我們做自己適宜且喜歡的工作，在工作中發揮其最大的才華、能力和潛在素質，不斷自我創造和發展，他就滿足了自己自我實現的需要。有自我實現驅動的人，往往會把工作當作是一種創造性的勞動，竭盡全力去做好它，使個人價值得到確證和實現。在自我實現的過程中，他將體會到滿足感如同植物發芽般迅速膨脹。

工作占據了我們生命中的大部分時間。如果你一直努力工作，不斷地進步，你就會有一個良好的、沒有污點的人生紀錄，這會使你在公司甚至整個行業擁有一個好名聲，良好的聲譽將陪伴你一生。假如我們在工作崗位上得不到尊嚴與快樂，那麼我們的人生只能是暗淡無光、毫無生機的；假如我們的工作沒有尊嚴與意義，我們的人生又怎能幸福快樂呢？

不要只為金錢而工作，不要在乎其他人的說法，要積極工作，並能從工作中獲取快樂與尊嚴，這就是一個非常有意義的工作，也能實現你人生的價值。這樣，你的人生會更輝煌，生命會更有價值。

薪水袋以外的薪水

薪水只是附帶的一種需要，一個真正的人，大部分的實際收入在薪水袋以外。這筆薪水以外的薪水，一部分來自雇員吸收的其雇主成功奧秘，從他的錯誤中汲取教訓，在他學習本行或本職業的同時，還領到薪水。另外一部分是成長、發展和豐富頭腦的機會；是成為一名能力更卓越、心胸更寬廣、辦事更有效的人的機會。

一位年輕記者去採訪日本著名的企業家松下幸之助．年輕人非常珍惜這來之不易的採訪機會，做了認真的準備，因此，他與松下先生談得很愉快。採訪結束，松下先生親切地問年輕人：「小夥子，你一個月的薪水是多少？」年輕人不好意思地回答：「薪水很少，一個月才一萬日圓。」

松下先生微笑著對年輕人說：「雖然你現在的薪水只有一萬日圓，但是，你知道嗎？其實你真正的薪水遠不止這些。」

年輕人感到難以理解，看到他一臉的疑惑，松下先生接著說：「小夥子，你要知道，你今天能爭取到採訪我的機會，明天也就同樣能爭取到採訪其他名人的機會，這證明你在採訪方面有一定的潛力。如果你能多多挖掘這方面的才能和多多累積這方面的經驗，這就像你在銀行存錢一樣，錢存進了銀行是會生利息的，你的才能會在『社會』這個銀行裡生利息，將來它定能連本帶利地還給你。」松下先生滿含深意的一番話，打開了年輕人觀念的抽屜，使他茅塞頓開、豁然開朗。許多年後，年輕人做了報社社長。

在一個人的職業生涯中，成長比成功更重要。時下，很多年輕人的想法就很不明智。他們一邊以玩世不恭的態度對待工作，對公司冷嘲熱諷，頻繁跳槽，消極懶惰，一邊卻怨天尤人，埋怨自己懷才不遇、生不逢時。因為對薪水不滿意就敷衍自己的工作，正是由於有這種想法和做法，令成千上萬的年輕人與成功絕緣。

美國嘉信理財公司創辦人查爾斯·施瓦布曾經這樣說過：「如果一個人對工作缺乏正確的認識，只是為了薪水而工作，很可能既賺不到錢，也得不到成長。」薪水僅僅是公司對個人回報的一部分，而且是很少的一部分。

成長機會比薪水更重要。不要只為薪水而工作，這樣你會得到更多。如果人們將工作視為累積經驗，那麼，每一項工作中都包含了個人成長的機遇。與其只想著工作可以為你帶來多少錢，還不如想著自己的工作多麼有成就感。在工作中，只有當你看淡薪水時，你才更容易獲得更多的報償。

衡量一個人，是要從多方面去看的。有幾句流傳廣泛的戲言說得很好：

看一個國家的國民教育，要看它的公共廁所。

看一個男人的品味，要看他的襪子。

看一個女人是否養尊處優，要看她的手。

看一個人的氣血，要看他的頭髮。
看一個人的心術，要看他的眼神。
看一個人的身價，要看他的對手。
看一個人的底牌，要看他身邊的好友。
看一個人的性格，要看他的字寫得怎樣。
看一個人是否快樂，不要看笑容，要看清晨夢醒時的一剎那表情。
看一個人的胸襟，要看他如何面對失敗及被人出賣。
看兩個人的關係，要看發生意外時，另一方的緊張程度。

這幾句戲言，沒有一句是讓人從金錢或者薪酬的角度來衡量另外一個人的。這幾句告訴我們，衡量一個人要從品行、道德觀念、品味、性格、身體狀況、心理狀況、綜合能力、胸襟氣度等等多方面來入手。金錢，從來不是衡量一個人的標準。

如果我們把一個人的人生分為兩個階段，那麼，前一階段是用金錢買智慧，後一階段是用智慧換取金錢。工欲善其事，必先利其器。我們應該珍惜工作本身給自己的報酬。譬如，艱難的任務能鍛鍊我們的意志，新的工作能拓展我們的才能，與同事的合作能培養我們的人格，與客戶交流能訓練我們的品行。公司是我們成長中的另一所學校，工作能夠豐富我們的經驗，增長我們的智慧。與在工作中獲得的技能和經驗相比，微薄的薪水就顯得不那麼重要了。公司支付給你的是金錢，工作賦予你的是令你終生受益的能力！

高薪不等於高興

如果一份工作月薪是5萬元，但是壓力巨大，每天需要你持續工作至少10小時，晚上睡覺的時候使你經常從夢中哭醒。這樣的工作，你做不做？有71%的受訪者果斷地選擇：「當然做，只要待遇好！」

「用5千萬換你10年，你換不換？」有52%的受訪者堅決地表示：「我換，最好拿現金！」

不知道從什麼時候起，我們對金錢的追求變得如此赤裸裸。曾經的「談錢傷感情」在某種程度上變成了今天的「不談錢沒感情」——沒錢買不起房，沒房結不了婚……似乎生活中的很多事都和錢扯上了關係，無論這些事情當初的「本源」是多麼聖潔。

許多高薪階層的工資或許是過去的好幾倍，但付出永遠要大於收入，辛苦才能換來鈔票。這種辛苦不僅是身體上的，也有心理上的，整個人都跟機器一樣，儘管學習充電是為了工作，但歸根結底還是為了多掙點錢。記住一條真理：天下沒有免費的午餐。

高薪未必能擁有快樂人生，在日常工作中，人際關係是否融洽非常重要。互相之間以微笑的表情體現友好熱情與溫暖，以健康的思維方式考慮問題，就會和諧相處。工作人員在言談舉止、衣著打扮、表情動作的流露中，都可以體現出是否擁有健康的心理素質。

辛格的昔日球僮大衛．任威克便是一個典型例子。這位英國球僮儘管曾是收入最高的球僮，但因對自己和前世界第一辛格的合作感到索然無味，而最終決定與後者分道揚鑣。

任威克談及辛格時說道：「維傑從來沒有向我道過『早安』；比賽時也從不對我說『球桿不錯』；或在一天結束之後向我道晚安。如果他對我說什麼，要嘛不是無關緊要、要嘛就是指責我。那些一起進行訓練的選手曾告訴維傑，應該與我一起放鬆些。但他從來沒有，他總是扔球桿，指責我算錯碼數。無論薪水多高，你也無法承受這樣的壓力。」

對於工作者本身來說，其人格特質對其感受到的幸福程度也會有很大的影響。堅忍的人會認為工作的壓力是一種挑戰，豁達的人可以較少受到職場複雜人際關係的感染……除了人格，動機也是影響因素之一，覺得工作有趣的人，薪水少，工作時間長也沒關係，可以自得其樂。覺得工作就是為了賺錢爭面子，就會對工作比較挑剔。工作環境的種種因素，透過工作者自己的解讀，就可以得到其自身的主觀幸福感。由於不同的人格、動機，在相同的工作環境下，幸福感也不同。

辦公室內的擺設是需要下一番工夫的。因為「精神污染」會渙散人們工作的積極性，乃至影響工作效率、工作品質，從某種意義上說要比大氣、水質、雜訊的污染更為嚴重。所以，雜亂的辦公桌不僅會加重你的工作負擔，也會影響到你的工作品質和效率，甚至你的工作熱情。不管你有多忙，藉口有多少，你都要讓辦公桌保持整潔、有序。有時候整理辦公桌，會讓你整理出一天愉快的工作心情。走進辦公室，一抬眼便看到你的辦公桌上堆滿了信件、報告、備忘錄之類的東西，很容易使人感到混亂、緊張和焦慮，給人留下一個不好的印象。而這種清爽輕鬆的心情，並不會因為你是否是高薪者而有所變更。快樂與否的工作，其實也全在自己的一念之間和身體力行。

加班，別把自己託付給「錢」

加班在很多公司是一種不成文的規定，有人戲稱「朝九晚無」。但是如今的年輕人，非常重視自我，講究生活的品味和品質，他們認為工作只是生活的一部分，生活中不應該只有工作。如果在工作時間之外還要加班，他們往往不能接受。於是衝突出現了，一方面老闆為了趕進度，希望員工多幹活；另一方面員工強調自己的生活自由，不願意讓沒完沒了的加班影響自己的生活。

如今在職場，有很多人都面臨加班這個問題。很多人心裡都不樂意加班，但出於無奈，天天下班之後還要在公司裡加班。有職業規劃師分析認為，加班的原因主要有幾種：第一，辦公室氛圍，大家都在加班；第二，工作效率低下，必須通過加班來彌補；第三，賺取加班費或等待其他機會；第四，為實現自己的強烈欲求而自我加壓；第五，工作能力不夠。

偶爾的加班並不足以產生不良後果，但是經常性的長時間工作則有不良後果。以下三種不良的後果，很值得管理者注意：

（1）研究發現，每天的工作時間一超過8小時，生產效率就會快速的遞減。倘若這些研究的結果是可信的，那麼每週工作時間最好不超過40小時（按5個工作日計算）為好。

（2）長時間工作足以令人養成拖延的習慣。許多管理者對工作因保持著「白天做不完，夜晚還可以做。平時做不完，週末和禮拜天還可以做」的態度，於是使8小時可以做好的事被拖延到10小時才完成，5天可以做好的事被拖延到6天才完成。這不幸應驗了帕金森所提出的「帕金森定律」，即如可供完成工作的時間為8小時，則工作將在8小時內完成；如可供完成工作的時間被增加為10小時，則同樣的工作將改在10小時內完成。

（3）長時間工作可能導致工作的失敗。管理學者約瑟夫・崔豈特曾經對一群管理者在事業上的成敗進行研究，他發現成功的管理者與失敗的管理者的差別在於，後者隨時願意為工作而犧牲家庭。即忽視家庭而過度強調工作的管理者，其工作表現終究會不佳。長時間工作所導致的不良後果足以說明，為何一些機構會強迫員工定期休假、限制加班次數和加班時間，或是不准累積假期。

從心理學上來說，我們所做的事情如果是建立在物質基礎上的話，當最後的物質結果沒有辦法滿足我們的預期時，我們就會產生精神上的痛苦，會逐漸質疑自己所做的事情；而當我們做一件事時，是出於自身由衷的要求，為了滿足自己的成就感、價值感等各種心理需求的時候，我們不僅會在這個過程中付出更多，因為這時我們的立足點是自己，而非物質。所以，加班如果僅僅是為了加班費或者讓別人看到自己的努力而加薪，那麼，一旦事與願違，就很可能讓我們受挫。本來加班是為了更好地完成工作，更好地完成工作是為了增強自己的職業滿足感，而這時，滿足感會被不同程度的破壞。

如果我們想成功，那麼努力做好自己的本職工作以外，我們還要主動去加班做一些分外的事情。因為只有這樣，我們才能保持鬥志，才能在工作中不斷地鍛鍊自己，充實自己，才能被別人發現我們的才華。所以當我們加班時，不要愁眉不展、抱怨不停，多種分外工作對我們的成功大有好處：

主動加班會讓我們得到良好的聲譽，良好的聲譽對我們來說是一筆巨大的無形財富，在我們未來的職業發展的道路上，可能會起到關鍵的作用。

主動加班能讓自己多一些學習和鍛鍊的機會，能力會得到提高，對自己總是有好處，而且加班還會有額外的「加班費」。

主動加班會凸顯我們的表現，原本我們在工作中默默無聞，但是主動加班會讓上司格外地去關注我們，讓我們在無形之中獲得了上司的認可。身在職場，如果不能改變加班的狀況，那就要主動去適應。

第五章

老闆憑什麼單單提拔你

別用非黑即白的眼光看職場

職場裡有一個陷阱，叫做非黑即白的機械認知。

一般有這種致命弱點的人眼中的世界非黑即白。他們相信，一切事物都應該像有標準答案的考試一樣，客觀地評定優劣。他們總是覺得自己在捍衛信念、堅持原則。但是，這些原則，別人可能完全不在意。結果，這種人總是孤軍奮戰，常打敗仗。

這種人的僵化還表現在完全不瞭解人性，很難瞭解恐懼、愛、憤怒、貪婪及憐憫等情緒。他們在通電話時，通常連招呼都不打，直接切入正題，缺乏將心比心的能力，他們想把情緒因素排除在決策過程之外。

「我們的歷史太長，權謀太深，兵法太多，黑箱太大，內幕太厚，口舌太貪，眼光太雜，預計太險。因此，對一切都『構思過度』。」余秋雨如是說。

受這種思維的影響，原本單純的孩子們早早地背負了「世界比你想像的還要複雜」的重殼，還未出校門就對社會產生了巨大的畏懼感，害怕自己無法適應這個「複雜」的社會。於是在長輩師長們的諄諄教導下，心懷不安的開始鑽研《厚黑學》、《老狐狸經》、《人際關係學》、《處世哲學》等眾多同類書籍，知道了對所處的環境要「眼觀六路，耳聽八方」，對朋友、對同事「逢人且說三分話，未可全拋一片心」，對謀事要「三思而行」等道理。做事處處設防，處處怕被人算計，整日小心謹慎地生活。刻意的與人拉開距離，孤獨無依，也不敢依。同時也讓我們有限的生命加大了時間成本，事業上加大了信譽成本，使我們的生命品質大打折扣。

事實上，我們並無需如此構思過度，也不需要活得這麼累。真實的潛規則也並非那麼刻意和複雜。

如果你發現自己常常因為堅持一套標準，與主管或同事步伐不一致，就該主動問主管，從主管的角度去瞭解這個決策的優、缺點考量是什麼。主管如果發現同仁有這種問題，也該主動指導，告知決策的基礎，以免影響團隊的績效。

堅持非黑即白，常常是個性的問題。

過於堅持自己的原則的人，往往會忽略或不瞭解公司的需求。而且，當業務愈來愈廣泛時，經理人更要放棄個人的鮮明好惡。

華信總經理盧正昕總是不斷強調達爾文的理論：「能夠生存的不是最強壯的，而是最能適應環境的。」很多強壯的物種，比如恐龍，當外在環境改變了就絕跡了。

在不同的圈子之間選擇，你的歸屬感和清白感之間就會產生衝突，無論是工作圈子，還是朋友圈子，甚至一個社團的圈子或者黑社會的圈子。當你在維護原有圈子的利益時，你會覺得自己很清白，自己很正義；當你突破了原有的圈子時，你會感到歸屬感受到威脅，好像有了負罪感。但事實上是不是真的客觀存在著兩個圈子激烈的爭鬥呢？這取決於你看待事物的態度和角度。

其實，很多事情不是非黑即白的，怎樣想、做什麼、怎樣做，都會有不同的玄機。

人同此心，你不喜歡別人的評頭論足、指手畫腳，別人同樣也不喜歡。當你總想著讓別人按你的心意去改變時，衝突與矛盾也就產生了。可以說，人際關係的不和諧在很大程度上是因為我們試圖去讓別人適應我們而別人不樂意所造成的。

有句話說得好「待人以寬，責己以嚴」，當你覺得人際關係不盡如人意時，當你覺得某些人的某些言行讓你不爽不快、如鯁在喉時，不要總把責任歸咎於別人，也不要總想著去「改造」對方。每個人都有自己的一套行為方式，不管正確與否，都是自己已經習慣了的，是不容易改變的，與其逼著別人改變來適應我們，倒不如我們自己做一些改變去適應別人。

不懂換位思考的人永遠坐不了高位

換位思考是人對人的一種心理體驗過程，將心比心，設身處地，是達成理解不可缺少的心理機制。它客觀上要求我們將自己的內心世界，如情感體驗、思維方式等與對方聯繫起來，站在對方的立場上體驗和思考問題，從而與對方在情感上得到溝通，為增進理解奠定基礎。它既是一種理解，也是一種關愛！

與人之間要互相理解、信任，並且要學會換位思考，這是人與人之間交往的基礎——互相寬容、理解，多站在別人的角度上思考。

在經營管理中，考慮別人的想法是其中心內容。怎樣可以使員工以低薪為你工作，怎樣使高薪創造高價值，怎樣使客戶滿意，怎樣使合作方滿意。都是離不開換位思考的。

工作時，首先考慮把工作做好。站在公司、上司的角度考慮的話，是怎樣把公司的業績搞好。我們可以多花時間，多付出精力。公司就會肯定你的價值，會給你相應的報酬使你安心在這裡工作，提高你的職位。如果你變成了部門上司你要考慮的還要更多。除了站在公司和你的上司的角度考慮，還要考慮怎樣提高你的員工積極性，要考慮你屬下員工的心態。是否應該加薪，是否應該提升。上級關係、下級關係和你的業務能力都很好，你就會受到你應得的回報。

有時候，一些人會抱怨上司老愛找麻煩、挑毛病，折騰自己。其實，對這件事情應該有不同的看法。領導者為什麼愛挑你毛病，因為他器重你，想讓你變得更好，以便給你壓上更重的擔子。聯想集團的前任總裁柳傳志有一句名言：「折騰是檢驗人才的唯一標準。」許多企業創業領袖都羨慕柳傳志，因為他有兩個好的接班人：楊元慶、郭為。殊不知，柳傳志為培養這兩個人，前後「折騰」了他們多年。在聯想，楊元慶和郭為是被「折騰」的典型代表。據說，他們是一年一個新崗位，「折騰」了十幾年，換了許多崗位，才成了「全才」。「折騰」，其實就是公司對你的考驗。

職場上，不少人都會有一種心理：在公司工作就是拿錢辦事，給多少錢，就辦多少事。公司是別人的，自己只是在這兒打工，只有老闆才會比員工更積極，因為那是他自己的事業，只有老闆才是公司的主人。這種錯誤認知使得我們不能積極地為公司盡心盡力。

人在職場，許多人都志向明確：「我是不可能永遠替人打工的。打工只是過程，當老闆才是目的。我每做一份工作都在為自己累積經驗和關係。等到機會成熟，我會毫不猶豫地自己創業。」這是一種值得敬佩的創業熱情，但是如果抱著「如果自己當老闆，我會更努力」的想法則可能適得其反。很多情況下，我們需要和老闆進行「換位思考」，試著站在老闆的角度去考慮問題。這樣我們每做一件事都會成為日後創業的寶貴經驗，等到時機成熟後，我們就可以擁有自己的事業。

當我們把自己從一個打工者轉型為一個職業人的時候，我們的使命感就不僅僅只是體現在完成工作任務上面了。我們對公司，同樣具有一種「共存亡」的使命意識和責任感。

在公司和員工一起成長、共同發展的過程中，公司和員工實際上就形成了一種合作關係，在這種合作關係當中，公司和員工互為合夥人。員工努力工作時，對公司負責，公司相應的也會給予員工回報。因此，作為一名優秀員工，一定要有「公司興亡，我有責任」的意識。

當我們擁有了「公司興亡，我的責任」意識時，會讓上司對我們青睞有加，覺得我們是一個值得信賴的人，我們被委任的機會也會不斷增多。如果我們只是把工作當成謀生的手段，把公司當成謀生的場所，把本應彼此協作的關係看成簡單的勞資關係，那麼我們就不會擁有這樣的機會了。

比起被動地等待公司對自己有所回報，主動去改變自己、使自己適應公司乃至改變公司，這才是值得讚揚的工作態度。要知道，我們現在所做的工作，都是在為將來做準備，只有樹立起補位意識，才能夠把今天的每一份工作當作是鍛鍊自己的機會，從而為明天的成功累積更多的資本。

所以具有「主人翁意識」的職員不會因為怕受傷或吃虧而戰戰兢兢，而會與工作成為一體，付出自己的努力來體會勞動的喜悅。一旦有了這樣的意識，業務不再是痛苦的作業，而是不斷讓你去挑戰的有趣的事情。上司也欣賞這些具有主人翁意識的職員，他們是最值得去培養和信賴的。

責任心是升職與否的最大砝碼

工作責任心，其實就是你在公司裡是否能體現自己的價值，如果你抱著混的心態，那責任心一定不會強，如果你認為，這個平臺可以充分的體現你的價值，那你就應該100%的投入，制定完整的工作計畫，一絲不苟的去執行，結果不言而喻，既提升了自己的素養和能力，又可以得到重任不斷提高薪水。責任心體現在三個階段：一是做事情之前，二是做事情的過程中，三是事情做完後出了問題。第一階段，做事之前要想到後果。第二階段，做事過程中盡量控制事情向好的方向發展，防止壞的結果出現。第三階段，出了問題敢於承擔責任。勇於承擔責任和積極承擔責任不僅是一個人的勇氣問題，而且也標誌著一個人的心地是否自信，是否光明磊落，是否恐懼未來。

一個懂得扛起責任的人。當一個人主動去承擔責任的時候，就是他成熟的時候。如果你還在工作中逃避責任、推脫責任，說明你還需要去真正成熟。生意場上，總有人嘴上說著責任，卻從來不去履行。事實上，那些最為成功的人，也是擔當責任最多的人。

責任可以說是安身立命的根本，一個負責任的人會受到別人的尊重與敬畏，而一個不負責任的人會受到別人的鄙夷和唾棄。對職場人士來說，責任是能力的承載，是最強的能力。所以，如果你的業務水準還不是很高，沒有競爭優勢時，就試著用責任來支撐自己吧。

在一些人看來，只有那些有權力的人才有責任，而自己只是一名普通員工，沒什麼責任可言，一旦出現錯誤，有權力的人應當承擔責任。這種想法是大錯特錯的，生活總是會給每個人回報的，無論是榮譽還是財富，條件是你必須轉變自己的思想和認知，努力培養自己盡職盡責的工作精神。一個人只有具備了盡職盡責的精神之後，才會產生改變一切的力量。當你嘗試著對自己的工作負責的時候，你的生活會因此改變很多，你的工作也會因此而改變。其實，改變的不是工作，而是一個人的工作態度。正是工作態度，把你和其他人區別開來。這樣一種敬業、主動、負責的工作態度和精神讓你的思路更開闊，工作更積極。

重視自己的工作，從小事做起，一點一滴地累積，你會發現自己離成功不遠了。工作是你衣食住行的保障，工作為你帶來樂趣，消除煩憂。所以，對工作負責，你會發現自己是最大的贏家。

認真做事只能把事情做對，用心做事才能把事情做好。而用心做事正是你責任心的最直接體現。甘迺迪的就職演說中說得很好，「不要問國家為你們做了什麼；要問你們能為國家做些什麼？」能承認你價值的，只有一點，就是你為企業創造了多少價值。你是有夢想，有未來的，如果你希望自己的將來是成功的，幸福的，那麼現在你就應該去努力，去付出。永遠記住，付出就不要抱怨，不要乞求工作的完美，不要乞求絕對的公平，你無法改變歷史，唯一能改變的，是你對未來的態度！

有些事情並不是需要很費力才能完成的。做與不做之間的差距就在於——責任。簡單地說，按時上班準時開會等一些工作上的小事，真正能做到的並不是所有的人。違反公司制度，說到本質就是一種不負責的表現，首先是對自己公司和職業的不負責，更是對自己的不負責。沒有做不好的工作，只有不負責的人。責任承載著能力，一個充滿責任感的人，才有機會充分展現自己的能力。

一個人生活在這個社會上，即使是一個自由職業者，他也會和各種團隊、組織和人員發生往來，在這個過程中，責任感是最基本的能力，如果你缺乏責任，組織不會聘用你，團隊不會讓你加盟，搭檔不願意與你共事，朋友不願意與你往來，親人不願給你信任，你最終將被這個社會拋棄。在這個世界上，有才華的人太多，但是有才華又有責任的人卻不多。只有責任和能力共有的人，才是企業和公司發展最需要的。

沒有「不可能」的工作

西方有句名言：「一個人的思想決定一個人的命運。」不敢向高難度的工作挑戰，是對自己潛能的畫地為牢，只能使自己無限的潛能化為有限的成績。

一位知名企業的老闆在描述自己心目中的理想員工時說：「我們所急需的人才，是具有奮鬥進取精神，勇於向『不可能完成』的工作挑戰的人。」具有諷刺意味的是，世界上到處都是謹小慎微、滿足於現狀的人，而老闆所說的「理想員工」，猶如「稀有動物」一樣，始終供不應求。

戈登．麥克唐納在他寫的《上帝賜福的生活》一書中講述了他20世紀50年代後期在科羅拉多大學田徑隊的經歷，尤其是與隊友比爾一起經歷過的那些艱苦訓練。

「直到今天，我都能清楚地記得我們每個星期一下午的訓練，」戈登說，「回憶起當時的情景，我還能感覺到當時訓練的疲勞。每當星期一下午訓練結束後，我總是筋疲力盡，步履蹣跚地走回更衣室。」

但比爾卻不一樣，毫無疑問，訓練對他也是很苦很累的。但每次訓練結束後，他卻總是在跑道附近的草地上休息。20分鐘後，就在戈登沖澡的時候，比爾又把整個訓練過程重複一遍。日復一日，就是這位「比爾」，在1966年，他創下了十項全能世界紀錄，1968年，在東京奧運會上，他又獲得了一枚金牌，他還曾連續五次獲得美國十項全能賽冠軍，這一成績迄今無人能夠打破。

使比爾取得如此出色成績的原因正是他不怕困難、迎難而上的信念。戈登．麥克唐納的思考說明了一切：「我們倆之間的差別就是始於星期一下午的訓練。他不畏艱辛，盡最大努力；我懼怕困難，得過且過。」

如果你是一個「安全專家」，那麼，在與「勇士」的競爭當中，你就永遠不要奢望得到機會的垂青。那些總與成功有緣的「幸運兒」之所以成功，很大程度上取決於他們勇於挑戰「不可能完成」的工作。正是堅持這一原則，他們不斷地磨礪生存的利器，不斷力爭上游，最終脫穎而出。

在競爭激烈的社會中，做一頭安分守己的老黃牛當然可以，但是當富有挑戰力的獵豹和你競爭的時候，贏家肯定不會是你。要想把自己變成獵豹，就必須用積極、樂觀的態度去面對挑戰，充分發揮自己的能力，出色地完成它。

要想取得工作的進步和事業的成功，要想勇敢地迎接挑戰，就必須拿出勇氣，用一種不怕失敗的精神支撐自己完成在別人眼中不可能完成的任務。

「不可能完成」的工作之所以「不可能」，在很大程度上是因為它的表面太像一塊「燙手山芋」了，讓人不敢碰它。但實際上，那些看似「不可能完成」的工作往往並沒有想像的那樣複雜。所以，當一項頗具挑戰性的工作放在你面前時，你完全可以把它當作一項普通的工作去對待，只要比平時多付出努力，就可能輕鬆地把它解決。把難題看得簡單是一種積極的心態，當你具備了這種心態時，便為成功打下了基礎。

有句話說「不想當將軍的士兵不是好士兵」，就是說一個人要有積極的進取心，不能滿足於現狀，在職場上同樣如此。對於職場人來說，擁有不滿足的態度能幫助他在自己的職業生涯中獲得成功。老闆往往並不會因為他「想要成為將軍」而拒絕或冷淡他，只有那些不求上進的下屬，才是令老闆最反感的。

一個總是以為自己做得夠好了的員工，他的目標只限於保住現在的飯碗，他們不敢挑戰自我、不敢接受新任務，只會做自己力所能及的事情，到頭來得到的卻是老闆給自己的解聘書。而那些高潛力人才卻認為「無論耗費自己多少精力與時間，都是值得的。」因為他們嚮往那種事業成功所帶來的成就感與滿足感，他們懂得充分挖掘自己的潛力，他們對自己的未來充滿期待。

做到最好才能「活」下來

不論什麼行業、什麼工作，既然值得做，就應該做到最好。成功學家格蘭特納說：「如果你有自己繫鞋帶的能力，你就有上天摘星星的機會。」威爾許也說：「要去摘星星，而不是沉迷於『令人厭煩的』小數點。」當你選擇了一份工作的時候，你也在選擇一種生活方式：你可以選擇湊湊合合地把工作做完，讓別人在背後指責你，也可以選擇把工作做得漂漂亮亮，用行動贏得別人的尊重。既然做了一件事，就要把它做好，抱怨工作或薪水並不能使你成功，要把精力集中在盡可能做出最好成績的努力上。

要成功，要做出傲人的成績，要成就事業、創造財富，就必須最大限度地發揮自己的才能，使出全部力量，盡最大努力把事情做好。所謂「謀事在人，成事在天」，其實應該是「謀事在人，成事亦在人」。

在現代職場中，有很多公司的員工凡事得過且過，做事做不到最好，主要表現是做事做不到位。在他們的工作中經常會出現這樣的現象：5％的人看不出來是在工作，能偷懶就偷懶，閒聊、睡覺、上網，一下班就不見人影；10％的人正在等待著什麼，被動地接受老闆的吩咐；20％的人正在為增加庫存而工作，把簡單問題複雜化，把工作做成一鍋粥，整天一團混亂；10％的人沒有對公司做出貢獻，雖然在做，卻是負效勞動；40％的人正在按照低效的標準或方法工作，缺乏靈動的思維，永遠在忙，卻到最後才完成任務；只有15％的人屬於正常範圍，但績效仍然不高，並沒有踏踏實實、全力以赴。

每個人都有自己的職責，每個人都有自己的做事準則。醫生的職責是救死扶傷，軍人的職責是保衛國家，教師的職責是培育人才，工人的職責是生產合格的產品……社會上每個人的位置不同，職責也有所差別，但不同的位置對每個人卻有一個最起碼的做事要求，那就是做事做到位，要做就做到最好，否則就不做。

在各行各業中都有施展才華和加薪晉職的機會，關鍵要看你是不是以積極主動的態度來對待你的工作，在工作中是否做到了最好。無論何時何地你都不能瞧不起自己的工作，職位能帶給你什麼並不重要，重要的是，你在這個職位上可以給公司帶來什麼。無論你在哪裡工作，都要盡自己的最大努力，全力以赴把工作做好，做到位。

實際上，要做就做到最好，這是每個人成功的前提。如果你總是偷懶耍奸，那還談什麼將工作做好？要做好你的工作，就必須付出百分百的努力。要嘛不做，要做就做到最好。只有充分發揮自己的聰明才智，對每一項工作都盡心盡力，才能獲得大發展，獲得成功。

不升職不等於不努力，只是壓力大

升職加薪對大多數職場人來說，是值得高興的事，因為這不僅是關乎自身利益的事，而且也說明自己的付出得到了大家的肯定。可要說「升職加薪」是每個人的目標，那也不盡然。隨著工作、生活各方面壓力的增加，越來越多的人都表示，「加薪、鼓勵，可以。升職？還是算了吧。」

體會到了升職的苦辣酸甜，有些人不願再升職，甚至有些已經升職的人，也想要「體面」

降職。

俗話說，不想當將軍的士兵不是好士兵，在職場上也是如此。但現實中工作與生活的實際壓力和責任，卻讓很多人對升職在左右為難中望而卻步。

其實升職的壓力主要來自於自身對新職位新工作內容的不熟悉、不確定感，或是對於目標的達成感到力不從心，或是擔心自己被淘汰。那麼，緩解壓力和減少不安的最直接有效的方法，便是去瞭解、掌握狀況，並且設法提升自身的能力。藉由讀書、讀人、讀事，透過自學、參加培訓等途徑，提升自己的職業能力和職業競爭力，一旦「會了」、「熟了」、「清楚了」，能力提高了，你的自信心自然會增強，成就感自然會增加，你的快樂與陽光指數自然會上升。

面對壓力時，還有重要的一點就是頂住壓力，將壓力化為工作的動力。很多成功人士都曾經面對前所未有的壓力，但是他們扛過來了，收穫了好的結果。

升職在很多人看來也是「升值」的過程，壓力增加是必然的。傳統意義上的升職是體面和值得炫耀的事，同時，升職後帶團隊、加班、處理人際關係等工作隨之而來，壓力會瞬間增大，而抗壓能力的提升則需要一個慢慢適應的過程。若職場人排斥升職，則說明抗壓能力沒有同時提升。

「魚與熊掌不可兼得，想加薪同時提高社會地位，壓力和煩心事就要照單全收，這是個心理調適的過程。」雖然不想升職並不等於不努力工作，但長年累月做同樣的事，自己還是會不自覺地懈怠，這樣不利於職業的發展。升職的機遇是可遇不可求的，機遇來了，不要立刻打退堂鼓。不管最終能否勝任，但一定要嘗試。如果因升職而導致壓力過大，一定要向老闆請假，休假也是為了能創造更多的價值，收到事半功倍的效果。如果發現自己真的不能勝任，再找老闆溝通協調。

升職是手段、職業發展是目的。

通常而言，晉升以後職場人將面對兩大壓力來源：一個是職責增加帶來的工作壓力；一個是職業地位變遷帶來的人際壓力。的確，在升職之後，幾乎毫無例外地會遇到因為職責的突然增加所帶來的巨大壓力！需要管理的事情突然變得這麼多，紛繁複雜，幾乎所有新被提升的主管們，都要經歷一段漫無頭緒，手足無措的磨合期。

要解決這個問題，要從內在和外在兩個方面進行。內在方面，晉升壓力的主要構成是不自信！相信企業不會無故提拔你，也相信自己可以逐漸做好管理類型的工作，不要在做管理的初期給自己制定過高的目標，也不要過於在意人們的評價和態度，這些只會給你帶來更多的挫折感。外在方面，主要是在操作層面下工夫，開始逐漸建立起管理者應該有的思維結構。

菁英可以是營造出來的

國外曾經有心理學家做過這樣一個實驗，他們讓人先是穿著邋遢的衣服，儀容不整，說話也故意用比較粗魯的語調方式，去街上找那些正有人使用著的電話亭，向正在打電話的人請求緊急借用一下電話亭的公用電話；然後，再讓這些人換上乾淨整潔的衣服，衣衫光鮮，舉止得體，談吐文雅地去做同樣的事。結果表明，第一次衣著邋遢、言行粗魯地提出請求時，遭到了93%的回絕率，而第二次形象良好、舉止有禮地提出請求時，則僅有11%的回絕率。

這個心理學實驗驗證了一點，形象與魅力，是一個人的第一張名片。一個衣冠不整、邋邋遢遢的人和一個裝束得宜、彬彬有禮的人在其他條件差不多的情況下，後者比前者更容易為人所接納，也更容易說服別人。

儘管我們平時常說不能「以貌取人」，但事實就是，人們在判定某個人的時候，即使不將形象作為決定性的衡量標準，也必會作為輔助性的衡量標準之一。一個人即使能力再出眾，可是，如果他站在眾人面前時，是一副髒兮兮的樣子，舉止怪異，說起話來語無倫次，那麼，人們也很難打心底接受這樣一個人，更不用說對這人有好感了。

所以，我們要想贏得更多人的認可與欣賞，要想把自己練成菁英人士，必須要注重內外兼修，內練能力，外修形象，兩者缺一不可。

西方有句名言說：「你可以先假裝成『那個樣子』，直到你成為『那個樣子』。」這句話很有道理，我們即便現在不是社會的菁英人士，但是，我們卻完全可以學習、模仿菁英人士的那種底氣與魅力，讓自己看上去像一個菁英人物，最開始時或許會有「東施效顰」的嫌疑，但是就像皮革馬利翁效應所揭示的那樣，我們內心的期待與期許會產生一種極大的能量，能改變我們的行為，讓人更自信、自尊，並向著自己所期許的那個方向逼近、靠攏。時間長了，外在的形象影響到內在的心態，我們會由外及內，越來越像一個菁英，最終甚至真正成為自己期許中的那種菁英人士。

一位百萬富翁登門向一位千萬富翁請教：「為什麼你能成為千萬富翁，而我卻只能成為百萬富翁，難道我還不夠努力嗎？」千萬富翁就問他：「你平時和什麼人在一起？」那位百萬富翁自豪地回答：「和我在一起的全都是百萬富翁，他們都很有錢，也很有素質……」千萬富翁聽到這裡，笑著說：「我平時都是和千萬富翁在一起的，這就是我能成為千萬富翁而你卻只能成為百萬富翁的原因所在。」

成功學演說家陳安之曾經說過一句話：「要成功，需要跟成功者在一起。」看一個人會成為何種人，看他能登到一個什麼樣的高度，關鍵就要看他與什麼樣的人交往，他處在一個什麼樣的圈子之中。美國一個研究機構曾經對比分析過很多的成功者與失敗者，他們發現，一個人失敗的原因，90％是因為這個人的周邊親友、夥伴、同事、熟人大都是失敗和消極的人。

古話說：「交友如染絲，染於蒼則蒼，染於黃則黃。」在我們身邊，會有性格迴異、價值觀也各有差異的各色人等，也難免會由此形成一些不同風格的圈子，我們選擇與哪些人為伍，選擇走進哪個圈子，這絕對不是一件小事。如果處在頹廢、不思進取的環境中，我們將會受到身邊消極觀念的影響，放任自己，隨波逐流。相反，如果處在進取、向上的圈子中，我們會受到身邊人言行思維的影響，自覺地約束自己、塑造自己，使自己不斷進步。與什麼樣的人同行，在很大程度上決定了我們的視野和境界，物以類聚，人以群分，這句話是很有道理的。

氣場：王牌架勢

愛讀武俠小說的人大概都知道，武俠中，最高的境界是手中無劍，心中也無劍，這種境界的人不需要手持利刃，不需要傳世絕技，他只要站在那裡，他的氣勢就足以威懾四方，拒敵千里。武俠中的這種大宗師境界在現實生活中只是一個遙不可及的神話而已，但是，這種以氣勢、以氣場去影響人、征服人的能力，卻是我們每一個人都可以去修煉，而且都應該去修煉的。

氣場就好比是一個人的能量場，氣場越強大，這個人就好比磁石一樣，越具有吸引力、影響力，也就越能贏得他人的好感、信任、欣賞以及尊重。

有一句成語叫「色厲內荏」，是指人外表強硬，內心卻虛弱，沒有內心的底氣，無論多麼強硬、強勢的外表都只是一種偽裝。我們在打造自己氣場的時候，就要避免這樣的「色厲內荏」，不要像鼓鼓的氣球那樣，看起來又大又好看，但只要用針輕輕一戳，立刻就現出原形了。真正的氣場是從內到外，都有強大的能量，而不僅僅是表面上的繡花功夫。那麼，怎樣才能有真正強大的氣場呢？

古語有云「腹有詩書氣自華」，氣場也是如此，它是一種內在能量、內在氣質的體現，只有肚中真的有「貨」，有實力，有底氣，才會有氣場。沒有實力作為根基的氣場，那要嘛是虛偽，要嘛是死撐，只能唬唬人罷了。所以說，要練就氣場，先要練出實力、拿出實力來。

一個高情商的人，他對自己有著清醒的認識，能夠掌控好自己的情緒；他善於進行自我激勵，能更好地應對和處理生活工作上遇到的各方面難題；不僅如此，他還懂得理解並照顧他人的情緒與感受，為自己打造良好的人際關係。這種高情商，是一種獨特的軟實力，有時候，其重要性甚至會超越才幹能力等「硬實力」。就像《神奇的情商管理》一書中所言：「人世間最高層的角逐，其實玩到最後往往是心態，那是一種思想的較量、智慧的較量，更是心態的較量！人生最值得的投資和最需要挖掘的軟能力就是我們的情商管理能力，因為我們的生活和事業水準都取決於我們自己的態度，這是我們最珍貴的金礦所在！」

范仲淹曾在《奏上時務書》中寫道：「臣聞以德服人，天下欣戴，以力服人，天下怨望。」在很多人眼中看來，要征服一個人，就非得像打仗一樣，而且還是打硬仗，似乎只有雄赳赳氣昂昂地猛撲上去廝拚一通，讓對方看到自己的「厲害」，才能讓別人知難而服軟。其實這種以勢凌人、以力服人，並不是一種真正有效的戰術，它只能讓對方表面服而心不服，一旦你的這種「勢」和「力」弱了，或者沒了的時候，對方就不可能再繼續屈從。真正想要征服一個人，最好的方法是以德服人，以自身的德行品性去感化人，去贏得人心，這樣才能令人徹徹底底地心服口服。

中國書法界的大師啟功先生，他為人們所推崇，不僅是因為他的書法造詣，更是因為他的涵養與品德修為。他的書法作品常常被人臨摹，有友人問他怎麼看這事，他笑著回道，這是好事嘛，能因此養活更多人。友人接著問老先生自己是否能夠分辨出自己的作品與贗品之間的差別，啟功答道，寫得好的都是贗品，寫得差的就是他的了。友人納悶，問為什麼，啟功說，他老了，手指不靈活，所以寫起來就沒有年輕人那麼好了。

作品被臨摹，啟功不但不生氣，反而還認為臨摹的作品比他自己寫的還要好。這種謙卑包容的品德，讓人不得不服。

我們在平時待人處事時，也應該盡量去以德服人，而不應仗著年輕氣盛去以力服人，生活中，很多很多的糾紛，往往都是以力服人結出來的惡果，要是任何一方能變一變思路，以道德品性去服人，那麼，紛爭會少很多。

第六章
工作怎麼會沒有效率

捫心自問：我在忙什麼

很多人常常在工作時打開手機、電腦、E-mail，認為自己能夠同時兼顧好幾件事情。研究證明，這樣的狀態會影響一個人的工作表現。無論是採取商業行動還是進行反思，活在當下非常重要，只有專注、心無旁騖地做一件事情，減少其他干擾，才是最有效率的方式。

忙碌可以使我們的生活充實，讓我們回憶起來覺得對得起時間，對得起自己。但如果你只是為了不閒著而去忙，只是為了向人表明自己「很重要」而去忙，那麼無非是自己欺騙自己罷了。

紛繁的世界，每個人的生活節奏都很快，似乎誰都沒閒著。忙著培訓充電，忙著完成工作，忙著會議傳達，忙著……總有一大堆事情在等著我們去完成，使我們忙得焦頭爛額，以致把「我沒空」、「我沒時間」經常掛在嘴邊。然而，忙的時間一過，個人的價值立見分曉，有的成了百萬富翁、億萬富翁，有的還在溫飽線上掙扎。

有一個廣為流傳的管理學故事，就很好地說明了這個問題。

一群伐木工人走進一片樹林，開始清除矮灌木。當他們費盡千辛萬苦，好不容易清除完一片灌木林，直起腰來準備享受一下完成了一項艱苦工作後的樂趣時，卻猛然發現，不是這片樹林，而是旁邊那片樹林才是需要他們去清除的！

有多少人在工作中，就如同這些砍伐矮灌木的工人，常常只是埋頭砍伐矮灌木，甚至沒有意識到正在砍的並非是需要自己砍伐的那片樹林。

這種看似忙忙碌碌，最後卻發現自己背道而馳的情況是非常令人沮喪的，這也是許多效率低下，工作起來不見成果的人最容易犯的錯誤，他們往往把大量的時間和精力浪費在一些無用的事情上。

在我們的周圍，我們常常能發現一些沒有目標、沒有方向、沒有規劃的人，整天忙忙碌碌、暈頭轉向，結果卻因為做了大量無意義的事情而使得忙碌失去了價值。

我們可以忙，但絕不能在盲目中忙碌。忙一定要有目標，有方法，要知道自己在忙什麼，為了什麼忙。早上開始工作時，如果並不知道當天有什麼樣的工作要去做，就很容易像上面的伐木工人一樣，把時間浪費在不該做的事情上。

在職場中，很多人加班加點，夜以繼日，甚至沒有星期天、沒有節假日地忙碌工作。很多人認為只要自己是忙碌的，在老闆眼裡就是優秀的。於是他們每天都把自己弄得很忙、很緊張。但是，我們有沒有冷靜地思考過：我們的忙有多少用在了點子上？有多少是可以避免的？忙會給我們帶來最大效益嗎？一再努力卻無法降低的綜合成本和人員流失率；部門之間相互扯皮，矛盾重重……這一切不是對「忙文化」最好的詮釋嗎？

有些人之所以加班是因為他們的能力有問題，上班時間忙不到點子上，瞎忙，忙而無序。更有甚者是他們的素質有問題，故意加班給老闆看，事實上是越忙越受到老闆的讚揚，越讚揚人們就會越忙，結果忙而無效。

在現今瞬息萬變的社會中，效率是職場人士創造卓越的關鍵因素。成功的分野在於工作的高效，在有限的時間內創造高效益，而不在於數量的多少。如今企業老闆提倡最優化原理，就是以最少的消耗在最短的時間內創造最優秀的業績。職場人士想盡辦法為公司創造利潤，這樣給公司帶來了好處，更重要的是提升了自身的價值。

如果企業宣導「忙文化」，那麼職場裡的每個人必將為忙而忙。我們應該把工作細化，在規定的時間內完成規定的任務，把關注形式轉到關注結果上來。

讓我們真正有價值地忙起來，而不是為了忙而做沒有意義的事。

成功人士遇到重要的事情時，一定會仔細地考慮：應該把精力集中在哪一方面呢？怎麼做才能獲得最大的效益呢？

如果一個人不懂得重點思考，就等於毫無主攻目標，最終只能陷入「瞎忙」的狀態中。一些取得成功的人都已經培養出一種習慣，就是找出並設法控制那些最能影響他們工作的重要因素。這樣一來，他們也許比起一般人來生活得更為輕鬆愉快。由於他們已經懂得秘訣，知道如何從不重要的事情中抽出重要的事情，這樣，他們等於為自己的槓桿找到了一個恰當的支點，只要用小指頭輕輕一撥，就能移動原先即使以整個身體的重量也無法移動的事物。

凡事有計劃，就能少走彎路

成功學導師安東尼·羅賓先生說：「人生就像一條大河，大多數人甚至都未思索去向，便縱身跳進這條河，他們所能看到的只是眼前的事情，如眼前的麻煩、恐懼、問題等。當到了岔口時他們仍然沒有決定好方向，只是隨水一路漂去，完全放棄自我控制的能力，就這樣渾渾噩噩不知漂流了多久，直到有一天萬馬奔騰的聲響，才使他們驚覺原來已經到了尼加拉瀑布且不及五尺之距。這時他們迫不及待地想把船划離這塊危險之地，但一切都已經太遲了。如果你在上游早就做好準備，定位好你的航向，這場悲劇完全可以避免。」這就是著名的「尼加拉瀑布症候群」。

工作只有兩種，一種是技術，一種是銷售（廣泛意義上的，當然包括 marketing），不論哪一種，能做到高層的話最後都是做管理了。所以先明確自己從哪一種工作開始起步，然後明確自己在哪個行業累積。但不論哪一種工作，哪一個行業都好，工作其實都是一樣的，就是管理：管理自己的時間，管理自己的工作，管理你的下屬，管理你的老闆，將工作裡所有的因素都納入你可控的範圍之內，可能是透過流程，可能是透過人際關係，可能是借助其他的手段或者工具等，讓事情達到預期的效果。

《如何掌控你的時間與生活》一書的作者拉金說過：「一個人做事缺乏計畫，就等於計畫著失敗。有些人每天早上預訂好一天的工作，然後照此實行。他們是有效地利用時間的人。而那些平時毫無計畫，靠遇事現打主意過日子的人，只有『混亂』二字。」一個人要提高自己做事的目的性，忙於要事，就要養成善於規劃的好習慣，避免眉毛鬍子一把抓。

卡耐基認為，計畫並不是對個人的一種束縛與管制，必須做什麼或不應該做什麼並不是由計畫決定的，而是由我們必須面臨的不斷變化的外部環境所決定的。「凡事預則立，不預則廢」，要高效做事，就要養成事前多制訂計畫的好習慣。

工作的有序性，體現在對時間的支配上，首先要有明確的目的性，很多成功人士都指出：如果能把自己的工作任務清楚地寫下來，便很好地進行了自我管理，就會使得工作條理化，因而使得個人的能力得到很大的提高。

只有明確自己的工作是什麼，才能認識自己工作的全貌，從全域著眼觀察整個工作，防止每天陷於雜亂的事務之中。明確的辦事目的將使你正確地掂量各個工作之間的不同側重點，弄清工作的主要目標在哪裡，防止不分輕重緩急，耗費時間，又辦不好事情。

另外，明確自己的責任與許可權範圍，還有助於擺脫自己的工作與上下級的工作以及同事工作中的互相扯皮和打亂仗現象。

意識到什麼樣的工作才是有效的，能夠使你在工作中事半功倍。一個總是能夠忙於要事的員工在工作當中，都會先確認對待它才是最有效的之後，才會傾其所能，努力地去完成有益並且有效的工作。

每個人都應當合理安排自己的時間，把最大的精力放在最有效的工作上，對於一個渴望在工作中有卓越表現的人來說更是如此。因為，自然界每天只給我們二十四只時間的彩球。我們要做的事情就好比是一只紙盒，用來分裝這二十四只彩球。當無聊事情的紙盒裝走了大部分彩球後，重要事情的紙盒中就只有少量的彩球可裝，甚至沒有彩球可裝。也就是說，當無意義的事情占用了你的大部分時間後，重要的事情就只能等到明天、後天，或者更遙遠的時候去做了。

排序是一種神奇的力量

現實世界中，只要你用心去體會，你就會發現存在許多80：20定律的情況：

20％的罪犯所犯的案占所有犯罪案的80％；20％的粗心大意的司機，引起80％的交通事故；20％的產品，或20％的客戶，涵蓋了公司約80％的營業額；占公司人數20％的業務員，其營業額占公司總營業額的80％；占出席會議人數20％的與會者，發言率占所有發言的

80%；20%的地毯面積可能有80%的磨損；80%的時間裡，你只穿你衣服的20%。

也就是說，重要的東西只占了很小的部分，它的比例是80：20，因此，你只要集中精力處理工作中比較重要的20%那部分，就可以解決全部的80%，這就是著名的二八法則。

職場中，「二八法則」之所以得到推崇，就在於它提倡的「有所為，有所不為」。要用好「二八法則」，我們首先要弄清工作中的20%到底是哪些，從而將自己的注意力集中到這20%的重點上來，採取更有效的傾斜性措施，確保重點方面取得重點突破，進而帶動全面，取得整體進步。

我們在日常工作、生活中經常會有這樣的感覺：雖然我們方向無誤，目標正確，工作起來也很努力，每天忙得團團轉，可就是覆命的時候沒有什麼明顯的效果。相反，有些人每天不慌不忙，如同閒庭信步，卻卓有成效，總收事半功倍之效。除去運氣等不可控制的因素外，其差別就在於明白事情的輕重緩急。

不同的行業、不同的工作崗位，會有不同的規律和要求，如何去做，要自己不斷地摸索總結。但對每個工作著的人來說，都必須清楚：我們每天的目標是什麼？在我們每天必做的事情當中，哪些是能給我們帶來最大效益的？

工作需要章法，不能眉毛鬍子一把抓，要分輕重緩急！這樣才能一步一步地把事情做得有節奏、有條理，避免拖延。工作的一個基本原則是，要把最重要的事情放在第一位。

「要事第一」要求我們在工作中要善於發現決定工作效率的關鍵要事，在第一時間解決排在第一位的問題，在這個問題上，怎樣確立時下最需要解決的問題就成了問題的關鍵和難點所在。著名的邏輯學家布萊克斯說過：「把什麼放在第一位，是人們最難懂得的。」

一個人在工作中常常難以避免被各種瑣事、雜事所糾纏。有不少人由於沒有掌握高效能的工作方法，而被這些事弄得筋疲力盡、心煩意亂，總是不能靜下心去做最該做的事，或者是被那些看似急迫的事所蒙蔽，根本就不知道哪些是最應該做的事，結果白白浪費了大好時光，導致工作效率不高，效能不顯著。為此，每個人都應該有一個自己處理事情的優先表，列出自己一周之內急需解決的一些問題，並且根據優先表排出相應的工作進程，使自己的工作能夠穩步高效地進行。

高效能人士應當學會有效過濾次要資訊，讓自己的注意力集中在最重要的資訊上。工作中我們經常會被鋪天蓋地的電子郵件弄得疲憊不堪，更可怕的是，它們常常會分散我們工作的注意力，為我們做正確的事帶來很大的干擾，為此，我們應該學會有效地過濾次要資訊，將自己的注意力集中在最重要的資訊上。

一般來說，正確的過濾流程分為兩個步驟，第一步是先看信件主旨和寄件人，如果沒有讓自己覺得今天非看不可的理由，就可以直接刪除。這樣至少可以刪除50%的郵件。第二步開始迅速流覽其餘的每一封信件的內容，除非信件內容是有關近期內（例如兩星期內）必須完成的工作，否則就可以直接刪除。這樣又可以再刪除25%的信件。

有經驗的園丁往往習慣於把樹木上許多能開花結果的枝條剪去，一般人會覺得很可惜，但是園丁們知道，為了使樹木能更快地茁壯成長，為了讓以後的果實結得更飽滿，就必須忍痛將這些旁枝剪去。否則，若要保留這些枝條，那麼將來的總收成肯定要減少無數倍。

那些有經驗的花匠也習慣於把許多快要綻開的花蕾剪去。這是為什麼呢？這些花蕾不是同樣可以開出美麗的花朵嗎？花匠們知道，剪去其中的大部分花蕾後，可以使養分集中在剩下的少數花蕾上。等到這少數花蕾綻開時，一定可以成為罕見、珍貴、碩大無朋的奇葩。

做事就像培植花木一樣，與其把所有的精力都消耗在無意義的事情上，還不如看準一項適合自己的重要事業，集中所有的精力，全力以赴、埋頭苦幹，肯定可以取得傑出的成績。

世界上無數的失敗者之所以沒有成功，並不是因為他們沒有才幹，而是他們不能集中精力全力以赴地去做適當的工作，大好精力被浪費在東西南北各個方向上，而他們自己竟然還從未覺察到這一問題。如果把心中的那些雜念一一剪除，使生命力裡的所有養料都集中到一個方面，那麼他們將來一定會驚訝——自己的事業樹上竟然能夠結出那麼美麗、豐碩的果實。

追著目標才能跑得不偏

卡耐基說：「不甘於做平庸之輩的人，必須要有一個明確的追求目標，才能調動起自己的智慧和精力。」

樹立職場目標的原因很多，意義也重大。人類進步的源泉，就是欲望，永無止境的欲望，站在人類角度看，所有的偉人都具有比天還高的志向，正是這種信念，才支撐著他們克服種種艱險，達到最後的目標。你若沒有一個奮鬥目標，就不可能進取地往上爬，到最後只能成為別人的犧牲品。而你為之奮鬥的目標，絕對不能是短期內可以實現的。一個人太容易得到滿足，就是沉溺在滿足裡面不思進取。很多職場中人沒有一個自己的目標，被上司一番慷慨激昂、天花亂墜的陳詞說得心動不已，殊不知，自己已經跌入他人的職場陷阱中。

工作之後，與學生時代最大的不同是：沒有了強制性的成長目標。學生時代，每年一定要通過一連串考試，然後升級，而且這種升級有國家標準，所有人都遵循同一原則。你知道自己幾年以後會從小學生變成中學生，會從中學生變成大學生，直到大學畢業。這種穩定、有目標、同齡人一起的成長與發展，會帶著不少沒什麼想法的人一起走，他們隨著大流就成長了。可是，工作之後，雖然不少企業都有績效考核的規定，但升級的事情，卻沒什麼明確的規定，沒人規定該怎麼職業發展，更別提什麼國家統一的規定，同齡人一致的目標，這種情境讓不少人無所適從了，沒有了強制性的目標，自己也不知道該怎麼去做，失去了目標與方向。

心理學家阿德勒認為，特意深植在腦海中並維持不變的「明確的結果」，在下定決心要將它予以實現之際，將滲透到整個潛意識，並自動影響到身體的外在行動以促成想要達到的結果的實現。

因此，為了在明確的結果下煥發熱情，實現自己的潛能，我們應該選擇生命中的「主要目的」，選好之後，把它寫下來，放在你每天至少可以看到一次的地方。其用意在於，把這個結果深深地印在你的潛意識中，把它當作一種模型或藍圖，讓它支配你生活中主要的活動，一步一步地向它邁進。

你可以利用心理學上的一種方法，把你的「主要目的」深刻在潛意識中，這個方法就是所謂的「自我暗示」。你一再向自己提出暗示，這等於是某種程度的自我催眠，但不要因此而對之產生恐懼。

只要一個人能夠妥當地發展他的「明確的主要目的」，那麼，在「合理的範圍之內」，沒有任何事情是他辦不到的。

作為職場人員，你可以在你的辦公桌前放一大塊字牌：「任何時候，只要可能，我必須做最有成效的事情。」以此，盡可能減少瑣碎無價值的工作。當你開始做瑣碎工作，作為拖延重要工作的藉口時，看著字牌就知道自己又在浪費時間了。

當你陷入瑣碎工作中時，一定要自我反省。問問自己：你現在的工作是否接近你最優先考慮的事情。如果不是，就終止它們，並著手重要的事項。讓自己變成現代的時間駕馭者，減少例行公事。並多參與困難的決策和計畫。如此一來，你就會增加自身價值和晉升的機會。

很多人做工作都是在混時間，「做一天和尚撞一天鐘」，這樣的人對於自己的工作沒有目標，不求有功只求無過，做不出業績，更不用說受到重用，實現自己的夢想了。在實現人生目標之前，我們一般都會制定一些短期的小目標，在實現了一個小目標以後相信很多人都有這樣的感覺，下一次我一定可以做得更好。由此，目標實現的過程也就演變成了一個不斷超越自我的過程。慢慢的，隨著時間的流逝和一個個目標的相繼實現，我們的各方面能力也能夠有一個很大的提升！當然，你的這些小目標也不能夠定得太高，一定要結合實際，不然，當完成不了目標的時候，別說超越自我了，你有可能連基本的耐心都已經喪失了！

一次只做好一件事

你是不是一邊打電話一邊回覆郵件？你是不是一邊做市場調研一邊寫報告？你是不是一邊跟別人交代工作一邊寫文件？但是，後來你是否發現，在同一時間做著兩件甚至兩件以上的工作任務，難免都會受影響甚至拖延。其實，在這種情況之下，你蒙受的最大損失是你的工作效率。從某種程度上來說，這是你分散注意力的自然結果，因為你同時做著多件事情而又無法專注所有精力於其中一件。另一方面，當你從一件主要的工作抽身去做其他事情時，你平均需要多花25％的時間來完成那件工作。

英國《金融時報》的專欄作家蒂姆・哈福德曾經寫道：「可憐的老普珀里琉斯（古羅馬格言家）如果看到今日青少年們的習慣，一定會怒不可遏：這些孩子在看電視的同時還拖著筆記型電腦坐在那兒上網，一邊發簡訊，一邊在網上聊天，一邊還聽著音樂。無怪乎有這麼多評論人士都在擔憂我們日益沉迷於同時處理多工。

我對這種擔憂有所認同。去年4月，當我首次沉浸在利用Twitter『即時評論』某次英國領導人競選辯論時，我發現了一個令人驚奇的現象：雖然發表評論和閱讀別人發表的評論十分有趣，但之後我對三位首相候選人的發言卻幾乎一點印象也沒有。這一點很值得注意：我現在深深地認為，任何自稱對某個活動進行了即時評論的人，其實不大可能記得當時現場發生了什麼。

研究多工處理的科研人員不會對此感到意外。2006年，當時就職於加州大學洛杉磯分校（UCLA）的心理學家做了這樣一項實驗：在電腦銀幕上向14位受試者展示各種形狀的圖形，同時向他們播放低音調和高音調的聲響。在一組實驗中，受試者只需要辨認出圖形中的樣式，並以此為根據做出推測。而在另一組實驗中，受試者還需同時對高音調聲響進行計數。

結果十分有趣：在同時處理多工的實驗組中，受試者很善於飛快地做出預測，但隨後卻不能解釋圖形所蘊含的樣式，也不能將之靈活地應用在其他場合。用術語講，就是他們的「陳述性記憶」因注意力分散而受到抑制。簡而言之，同時處理多工的人當時看起來似乎很能幹，但可能並沒有從自己的經歷中汲取到多少東西。

我力圖避免犯這個錯誤——儘管我把兩臺顯示器並列擺放，是為了在一臺顯示器上閱讀研究論文的同時，能在另一臺顯示器上看到這篇專欄。

但我卻對另一種完全不同形式的多工處理感到內疚：每個月，我都有許多個項目在同時進行。看上去，這與在即時通訊工具上聊天分散注意力有天壤之別。實際上，這是21世紀成年人的典型症狀。而這種症狀恐怕同樣不會有什麼益處。

心理學家的實驗室不適合驗證這個假設，但三位經濟學家德喬、安德莉亞諾和尼古拉新近就此撰寫了一篇工作論文。他們研究了米蘭一家特別法庭的31位法官的案件負擔，這些法官在5年中審理了超過6萬起案件。由於案件是隨機分配的，並且按規定案件必須在分配後的60天內開庭審理，一些法官發現自己手頭需同時審理的案件多了許多。科維耶洛和同事們發現，相對於其他法官，那些必須同時審理多個案件的法官審結相似一組案件所需的時間更長。這項研究暗示，60天內必須開庭的規定不但沒有加快審理進度，可能還減緩了一般案件的審理速度。」

美國明尼蘇達礦業製造公司（3M）的口號是：「寫出兩個以上的目標就等於沒有目標。」這句話不僅適用於公司經營，對個人工作也有指導作用。

「一個人做事缺乏效率的一個根本原因，就在於沒有固定的目標，他們的精力太過分散，以至於一無所成。」著名效率管理專家史蒂芬．柯維在分析了眾多個人在工作上效率低下的案例之後得出了這樣的結論。

事實的確如此，許多在工作和生活中缺乏效率的人，就是因為目標過多，導致自己無法將精力集中在重要的事情上，如果他們的努力能集中在一個目標上，就足以使他們獲得巨大的成功。

只有一只手錶，可以知道是幾點，擁有兩只或者兩只以上的手錶，卻無法確定是幾點，兩隻手錶並不能告訴一個人更準確的時間，反而會讓看錶的人失去對準確時間的信心，這就是著名的手錶定律。

一次想做太多的事情，你會很快變得手忙腳亂。不要試圖一次完成三、四個目標，要將它們優先化。作一份目標清單，一次取其中一個目標。一旦成功實現後，從你的清單上把它劃掉，繼續下一個。這種「劃」目標、逐個實現的辦法會給你更多成就感。甚至你還能把一個目標分化成數個「小目標」。這比等上數天或數月實現一個「大」目標能獲得更多動力和成就感。

一次處理一件事，一個時期只有一個重點。思考最大的敵人就是混亂。不要將心力分散在太多的事情上，那樣會降低效率徒增煩惱。因為腦子裡太多訊息會導致阻礙思考，就像電腦的記憶體塞滿了處理命令，會導致運行緩慢甚至當機。

為了讓你的大腦一次只想一件事，你需要清除一切分散注意力、產生壓力的想法，把你的注意力集中在你主要專注的事情上，讓你的思維完全地進入當前的工作狀態。

你還需要瞭解每一項任務你所承擔的責任，瞭解你自己的極限。如果你不能很好地掌控你自己，你就會效率低下，而且得不到工作的快樂。

半吊子的工作，成果會出來得很慢。我們最好的狀態就是在沒有干擾的情況下花上60到90分鐘，並有明確的開始結束時間。可以的話在沒人叨擾的地方做事，或戴上隔音耳機。最後，要抵擋任何想分心的衝動並記住你有一個結束時間。越專注你就會越有效率。當你完成以後，至少要休息幾分鐘。

工作的最高境界是立即行動起來

一個人，正如一個時鐘，是以他的行動來定其價值的。什麼樣的人便決定了幹什麼樣的事；同樣，幹什麼樣的事也決定了是什麼樣的人。不管是誰，匆匆忙忙只能說明他不能從事他所從事的工作。

思考是為了更好地行動。很多人認為自己沒有時間，其實並不是這樣，而是他們沒有去判斷這事情到底是什麼，所以無法斷定自己到底要幹什麼，下一步需要採取哪些行動。面對困難的任務，人們總覺得好難好難，其實只要把它拆分成很多容易執行的小步驟，就會發現做起來並不難。馬克·吐溫曾說過：「領先的秘密在於行動，開始行動的秘密在於把複雜的大宗任務分解成為可以操作的細小工作。

如果你一味等待，就將一事無成。你必須牢記，只有動手才能有所得。看看你的人生大計，並認知實現你的終極願景所需要成為的人。明確今天、明天，及將來的數周，數月和數年要採取的步驟，以助推動你成為那種實現自我的人。然後抓住十件你在未來24小時能做的事情，以朝那個方向推動你。一個簡單的行動，比如拿起電話與一位老朋友重新聯繫，能幫助你建立朝向你渴望目標的巨大動量。

立即行動有時很難，尤其在面臨一件很不愉快的工作或很複雜的工作時，你常常有一種不知從何下手的困惑。但你不必總是選擇拖延作為你逃避的方式，如果你覺得工作很複雜，可以運用切香腸的技巧來解決。所謂切香腸的技巧，就是不要一次性吃完整根香腸，而是把它切成小片，一小口一小口地慢慢品嘗。同樣的道理也可以用在你的工作上：先把工作分成幾個小部分，分別詳列在紙上，然後把每一部分再細分為幾個步驟，使得每一個步驟都可在短時間內完成。

需要注意的是，每次開始一個新的步驟時，不完成，絕不離開工作區域。如果一定要中斷的話，最好是在工作告一段落時。

有時，你拖延一項工作，並不是因為整個工作會讓你感到不快，僅僅是因為你討厭其中的一部分。如果是這種情況，就應先做你討厭的那部分。

歌德說得好：「只有投入，思想才能燃燒。一旦開始，完成在即。」「絕不拖延，立即行動！」這句話是最驚人的自動啟動器。

任何時候，當你感到拖延的惡習正悄悄地向你靠近，或當此惡習已迅速纏上你，使你動彈不得時，你都需要用這句話來警醒自己，在一分鐘內動起來。

美國第三任總統湯瑪斯．傑佛遜每天早起。他說，不管我睡覺早晚，我與太陽同升起。傑佛遜的生活中有一段50年的時期，其間太陽從未抓到他賴床。傑佛遜有行動的願望。他說，你想知道你是誰？不要問。只要行動。行動將勾畫和定義你。他還說，決定絕不空閒。如果我們總是在做事，有多少事能被做是奇妙的。傑佛遜的另一句偉大的格言之一：「我是幸運的大信徒，而我發現我更努力工作，我就擁有更多幸運。」

在接下來的30天裡嘗試額外早起。當你醒來，冒出幾個新主意，鼓舞和激勵你。抄下心中浮現的前20個主意。圈上對你最重要的主意。要推動那個主意，快速腦力激盪出五項你可以在24小時內採取的具體行動，完成它們。

學如逆水行舟，不進則退，就像曾經給自己的定位一樣，讓奮鬥和拚搏永不停息，貫穿於自己一生的工作和生活中，每天進步一點點，不拋棄，不放棄！記得韓國電視劇《大長今》中長今的師傅就跟長今說過：「你不是贏在手藝出眾，而是在於不停地做事，當別人都休息的時候，你卻睜大眼睛，時刻準備著重新開始！」這也說明了一個簡單的道理，凡事貴在堅持！不論在什麼情況下，都要認定一個正確的方向和目標，決定好了即可著手去做，然後，堅持不懈，不怕失敗，不怕挫折！就好像自己決定來到了現在的工作崗位上一樣，將來可能會遇到各種各樣的困難，但只要努力和堅持，就一定能做好。

別讓工作追著自己跑

現代人一味強調高效，卻忘記了該如何等待，從週一到周日時刻忙碌著。而這些追求所謂的快感的忙碌實際上是在為自己製造慌亂，因為這種要求自己越快越好的壓力使現代人變得越來越浮躁。大多數人認為問題出在時間的緊迫上，但事實上，是速度控制了我們的工作和生活。

一旦染上了這種「速度病」，我們就會迷失在毫無間隙的忙碌之中，失去清醒的頭腦和必要的理智。為了準時完成任務總是疲於奔命，最終發現自己越來越力不從心，工作中錯誤百出，這時才後悔莫及：「要是我當時多花點時間就好了。」

一位西方評論家說過：「效率被視為這個時代對人類文明的最偉大貢獻。效率被視為一種永遠追求不完的力量，人們不可能達到的極致。」但是整天忙碌並不一定有效率，效果和花費的時間並不一定成正比。強迫自己工作、工作、再工作，只會損耗自己的體力和創造力。如果你對所有日常運作的事務都過度投入，很可能會迷失方向，為了真正提高工作效率，我們應該嘗試放慢腳步。

美國職業生涯規劃與時間管理專家布萊恩 • 崔西 Brian Tracy，集20年實務工作經驗與研究，發現能使你生產力加倍的7個工作秘訣：

一、全心投入工作，不要把工作場所當成社交場合。

二、工作步調快：養成一種緊迫感，一次專心做一件事，並且用最快的速度完成，之後，立刻進入下一件工作。

三、專注於高附加值的工作：你要記住工作時數的多寡不見得與工作成果成正比。

四、熟練工作：透過不斷學習、應用、練習，熟練所有工作流程與技巧，累積工作經驗。

五、集中處理：把許多性質相近的工作或是活動集中在同一個時段來處理。

六、簡化工作：將許多分開的工作步驟加以整合，變成單一任務。

七、比別人工作時間長一些：早一點起床，早點去上班，避開交通高峰；中午晚一點出去用餐，繼續工作，避開排隊用餐的人潮；晚上稍微留晚一些，直到交通高峰時間已過，再下班回家。

「慢生活」是相對於當前社會匆匆忙忙、紛紛擾擾的快節奏生活而言的另一種生活方式。這裡的「慢」，並非速度上的絕對慢，而是一種意境，一種回歸自然、輕鬆和諧的意境。

從健康角度講，古代醫學之父已有箴言：「陽光、空氣、水和運動，這是生命和健康的源泉。」健康的核心就是親近自然，順應自然。怎樣才是順應自然呢？簡單地說，就是順應日月運行、生命運動、四季變化的規律。一天的時間中，工作、生活、睡眠三者各占約8小時，不能偏頗。只要偏離這個生命最基本的規律，就必然要用健康來償還，人人都不例外。在心態上，「正氣存內，邪不可干」，淡泊寧靜，和諧有序。慢生活並非散漫和慵懶，而是自然與從容。

第七章

職場是階段的，充電是終生的

競爭是一種能力

在遼闊的草原上，每天當太陽升起，獅子和羚羊就開始進行賽跑。獅子發誓要追上羚羊，因為追上羚羊，牠就可以把牠們當作自己的食物。羚羊一定要跑得比獅子快，否則牠就會成為獅子的美餐。羚羊之間也在進行著殘酷的競爭，跑得最慢的羚羊成了獅子的食物，而其他羚羊就可以暫時倖免於難。這就是動物之間的殘酷競爭。

在弱肉強食的動物界，狼族的競爭意識尤其強烈。狼不但要面對與不同動物種類之間的競爭，而且還要面對狼群之間的激烈競爭。一般在同一區域的所有狼中，會有一個狼王，牠具有統領這個區域所有狼的權力。當需要集體圍獵時，狼王就會以嚎叫召集所有的狼。狼群成員都要無條件地接受牠的統一部署。當然，這個狼王的位置也是經過競爭決定的。

競爭是人類社會向前發展和個人成長的推動力量。競爭是多維心理結構的協同活動：為了取得成就而參加競爭；有爭取優異成績和獲勝的明確奮鬥目標；參與競爭的雙方成就高低是在和對方比較中顯現的，出於自尊和榮譽，競爭者都肩負著壓力；競爭者有決心去克服困難，爭取勝利。由於多種心理活動的協同活動，使參與競爭者精神飽滿、鬥志昂揚、富有成效地完成任務。

美國科學家安德魯．沙利和法國科學家羅歇．吉耶曼於1955年同時宣佈，他們在各自的研究中發現，能從下丘腦分離出垂體釋放的「促皮質激素釋放腦因子」。從此，兩人展開了分離 CRF 的競爭。誰都想領先分離出 CRF，在22年的競爭中，雖然都未能分離出 CRF，但他們在這期間的科學研究成果是輝煌的。沙利領先分離合成了「促甲狀腺激素釋放因子」和「黃體生成素釋放因子」，吉耶曼領先分離合成了「生長激素釋放抑制因子」（SRIF）。二人的這些研究成果，證實了腦激素的存在，從而為控制某些重要疾病開闢了新的道路，這就是競爭給人帶來的樂趣，競爭激發人的生存欲望，也使個人的前進更具動力。

競爭是一種能力，只有在競爭中才能感覺到生命的存在，只有在競爭中才能活得充實而有意義，只有在競爭中才能真正實現自我。不論什麼方式的競爭，也不論競爭的對象是誰，競爭的具體內容怎樣，競爭都是為了超越對方。在這種超越對方的競爭中得到心理的滿足，生命才會變得更有意義，你的職場之路才會更加順利。

生活中出現幾個冤家對手、一些壓力或一些磨難，並不一定是壞事。一份研究資料表明，一年中不患一次感冒的人，得癌症的機率是經常患感冒者的6倍。一粒沙子嵌入蚌的體內後，它將分泌出一種物質來療傷，時間長了，便會逐漸長成一顆晶瑩的珍珠。

在我們的工作和生活中，當我們為了某一項事業而拚搏的時候，一定會遇到各種各種的競爭，對於競爭，我們既要看到它殘酷的一面，更要看到它積極的一面，將競爭化為良性的動力，多為自己的工作找幾個「歡喜冤家」。這樣無論是對於我們的工作還是成長都是很有益處的。

每個人從出生就面臨來自各方面的競爭和挫折。一個人的成功不僅需要不斷提高自己的能力，而且需要經受自己在前進道路上的成功與失敗的各種考驗，需要具備良好的心理素質。由於我們每個人自身的缺點，由於社會還存在一些陰暗面，還存在一些人不那麼光明正大，因此失敗在所難免，有時甚至還不得不忍受「飛來橫禍」。在這種情況下，有時需要進行必要的鬥爭，但是，更多的時候需要的是忍耐。在自己遭到失敗的時候，我們當然希望周圍的人同情自己、幫助自己，但是更為重要的是，忍耐住失敗的痛苦，學會自己擦淨自己傷口的鮮血，並走出痛苦，迎向新的生活。

危機感就是在勝利中想到失敗

「青蛙效應」源自19世紀末一次著名的「青蛙試驗」：有人將一隻青蛙放在煮沸的大鍋裡，青蛙立即竄了出去。後來，人們又把它放在一個裝滿涼水的大鍋裡，然後用小火慢慢加熱，青蛙雖然可以感覺到外界溫度的變化，卻因惰性而沒有立即往外跳，直到後來熱度難忍而失去逃生能力終被煮熟。

科學家經過分析認為，這隻青蛙第一次之所以能「逃離險境」，是因為牠受到了沸水的劇烈刺激，第二次由於沒有明顯感覺到刺激，因此，這隻青蛙便失去了警惕，沒有了危機意識，牠覺得這一溫度正適合，然而當牠感覺到危機時，已經沒有能力從水裡逃出來了。

「青蛙效應」告訴我們：一個人要想不像青蛙那樣，在安逸中死去，就必須要保持危機意識。正所謂職場中沒有永遠的「紅人」，危機感不僅是一個人進取心的源泉，也是一個人成長發展的重要動力。一個失去了危機感的員工會變得安於現狀、裹足不前，等待他的就只有被淘汰的命運。

松下幸之助說過，五十多年來，他每天都是在連續的不安中度過的，雖然時時都處在不安與動搖中，但他卻能抑制那不安與動搖的一面，克服它們，完成今天的工作，產生明天的新希望，從此找到生活的意義。松下內心的不安折射出他對企業興衰的責任感，正是這種使命感和責任感造就了松下公司的輝煌。

著名企業家奧·丹尼爾在他那篇著名的《員工的終極期望》中這樣寫道：「親愛的員工，我們之所以聘用你，是因為你能滿足我們一些緊迫的需求。如果沒有你也能順利滿足要求，我們就不必費這個勁了。但是，我們深信需要有一個擁有你那樣的技能和經驗的人，並且認為你正是幫助我們實現目標的最佳人選。於是，我們給了你這個職位，而你欣然接受了。謝謝！

「在你任職期間，你會被要求做許多事情：一般性的職責，特別的任務，團隊和個人項目。你會有很多機會超越他人，顯示你的優秀，並向我們證明當初聘用你的決定是多麼明智。

「然而，有一項最重要的職責，或許你的上司永遠都會對你秘而不宣，但你自己要始終牢牢地記在心裡。那就是企業對你的終極期望——永遠做非常需要做的事，而不必等待別人要求你去做。」

古希臘演說家狄摩西尼曾經說過：「沒有什麼比自我欺騙更容易的了。因為人們渴望什麼，就相信什麼是真的。」面對危機，人們總是習慣採取逃避或者排斥的心理，這種心理並不能幫助人們提高對危機的警惕，相反只能更加縱容自己對於危機的麻痹心理。

一位著名的管理諮詢顧問曾在一篇文章中詼諧地指出，每一位經營者「都應當認識到死亡和納稅是不可避免的，並必須為之做計畫一樣，認識到危機也是不可避免的，也必須為之做準備。這樣做並不是出於軟弱或者膽怯，而是出於知道自己準備好之後的力量……更好地與命運周旋。」預見危機並不是一種膽怯或者過於謹慎的行為，而是一種避免和有效解決危機的必要手段。

一個主動超越自我、淘汰自我的人一定是一個充滿危機感的人，正是這種危機感成為他們不斷超越自我的動力。相反，一個驕傲自滿的人一定是很少有危機感的人，這樣的人只會故步自封，一生也很難有很大的作為。

古時候一個佛學造詣很深的人，聽說某座寺廟裡有位德高望重的老禪師，便去拜訪。進門後，他跟大師的徒弟說話的態度十分傲慢。老禪師卻十分恭敬地接待了他，並為他沏茶。可在倒水時，明明杯子已經滿了，老禪師還不停地倒。

他不解地問：「大師，為什麼杯子已經滿了，還要往裡倒？」

大師自語：「是啊，既然已滿了，我幹嘛還倒呢？」

禪師的本意是，既然你已經很有學問了，幹嘛還要到我這裡求教？

生活中，很多人很想不斷充實自己，但由於沒有保持好的心態，最終卻一事無成。做事的前提是先要有好心態。

適度的危機感能夠激發一個人的潛能，可以提升一個人的工作績效。如果在企業中，職場人覺察不到危機感，領導者就必須創造一種環境，讓他們產生不穩定感，不能讓他們麻木不仁。心理學上的兩個重要發現解釋了這種現象：

第一，葉杜二氏法則表明，隨著焦慮程度的加深，人的業績也會提高。當焦慮度達到一個理想水準時，業績也會隨之達到最高點。不過，如果焦慮程度過高，業績也會下降。

第二，根據麥克利蘭的成就動機理論，當成功機率達50％時，人們取得成功的動力最大。換句話說，如果人們追求的目標或接手的任務具挑戰性，但仍有極大可能成功時，人們追求目標或接手任務的動力最大。

危機感是一種強大的力量。它可以催人上進，發憤自強，創造出不凡的業績。海爾、聯想、索尼、佳能這些公司的輝煌與強大無不源自其創始人與締造者內心那種強烈的危機感，以及由這種危機感而引發的不甘落後的鬥志和進取精神。這種精神是推動企業和一國經濟向前發展的重要動力。從這種角度上來說，危機感也是一種生產力。

自己就是別人不可替代的品牌

湯瑪斯．佛里曼在其著作《世界是平的》一書中寫道：「如果你希望自己和孩子有競爭力——不管你是 SOHO 族還是企業職場人士，至少要具備以下四點中的一點：非常特殊、非常專業、非常深耕，或非常會調適；這是給你的良心建議——這年頭不可能再有終身雇用了，只有終身受雇力。」佛里曼所強調的四點，其實是在提醒我們，要想練就「終身受雇力」，就得有自己的「核心優勢」，有別人「不可替代」或「難以替代」的核心競爭力。

一個企業，如果沒有自己的拳頭產品，沒有自己的核心技術，不能占據一定的市場份額，那麼必然難以生存下去。而一個職場人士，如果沒有自己的專長，沒有企業需要的核心技能，不能跟上企業發展的需要，同樣也很難在社會上生存，隨時都會有被「長江後浪」拍死在沙灘上的危險。

所以說，在社會要想闖出一番成就來，我們與其費盡心思去改善自己的劣勢，倒不如集中精力打造出自己「不可替代」的核心優勢，找準自己專長的技能或領域，不斷鑽研，不斷提升，讓自己在這一方面能遠遠領先，其他人不會的你會，其他人會一點的你會很多，其他人會很多的你可以做到更精更完美。這樣，才是「不可替代」。

和任何一個品牌一樣，消費者只關注它的知名度和名譽度，而在職場也同樣存在知名度和名譽度，而這就是自己的品牌！我們的技能，我們的證書，我們所學到的所有關於工作上面的東西，這些可以稱為是我們的硬實力，那麼硬實力是什麼，硬實力就是可以直接打擊競爭對手的有效武器，而在職場起決定性作用的反而不是自己的硬實力，硬實力是衡量一個人是否勝任工作的前提條件，同樣硬實力的人誰的軟實力高，誰就是最終的勝利者。那麼什麼是軟實力呢？

軟實力是一種看不見的職業素養，很多時候並不是一開始就會被人所認可的，但是漸漸地它就凸顯出來，久而久之就被人認可。當我們溝通的時候，發自內心的微笑比那些巧言令色，裝腔作勢的人要強多了。有些人天生就是擁有很好的職業態度，他通過後天的訓練慢慢地培養自己的硬實力，而他的職業態度確實是無人可以代替的，這就是他個人的核心競爭力，也就是自己的品牌。

員工間收入差距的最主要原因就是各自的工作技能不同，誰掌握了新的專業技能，誰就掌握了競爭的金鑰匙用來開啟高薪的大門。一個人如果擁有了自己的「王牌產品」，那麼他不但可以在面臨裁員時高枕無憂，還可以藉此成為最優秀的員工之一。你的資源別人沒有，這就是你在職場存在的理由，這就是你能夠安身立命的資本，也是你達到最優秀的法門。

一位成功的企業管理者說：「如果你能真正製好一枚別針，就應該比你製造出粗陋的蒸汽機所創造的財富更多。」

職場氣象風雲變幻，職業發展前景撲朔迷離，這都給職場中艱難跋涉的人們帶來了越來越多的困惑。如果沒有一項「拳頭產品」，在職場就是可有可無的人，只能做什麼人都可以做的事情，那麼說不定什麼時候就被別人頂替掉了。所以，你一定要熟練掌握一門專業，並成為那一行的尖兵。

在寒冷的俄羅斯和蒙古草原，惡劣的自然環境使得很多動物都難以長久地生存，包括那些看似威猛、頑強的老虎、獅子、獵豹和狗熊。牠們都曾經進入過這些草原，並試圖在草原上長久地生存，但都沒有成功。牠們一方面是適應不了嚴酷的自然環境，另一方面是適應不了更為殘酷的生存戰爭。在食物資源稀少的草原中，牠們最終因饑餓而滅絕。

在如此惡劣的環境中，有一種動物卻生存得很好，那就是狼。可以說是狼強大的生存能力保證了牠們在如此殘酷的自然環境中生存，也可以說是狼找準了自己的最佳位置，經營自己的強項，才使得牠們具有了強大的適應能力。

我們人類也一樣，如果一個人沒有獨特的強項，想要在人生的舞臺上展現風采，恐怕是天方夜譚。換句話說，你要想讓自己成為一個別人無法替代的人物，你就應當獨有所長，即想盡辦法，培養自己的強項，展示自己的強項。

所謂的強項，並不是把每件事情做得很好、樣樣精通，而是在某一方面特別出色。比如說，對於一個會寫文章的人，善寫文章就是他的強項，而管理就不再是他的強項了。所以你不能讓他從事管理工作。事實上，一個人能否做一個合格的管理人員，與他是否會寫文章是毫無關係的。從事管理工作，必須要有分配資源、制訂計畫、安排工作、組織控制等方面的強項，但這些強項並不是一個善寫文章的人就一定具備的。

強項可以是一種技能、一種手藝、一門學問、一種特殊的能力或者只是直覺。你可以是鞋匠、修理工、廚師、木匠、裁縫，等等，也可以是律師、廣告設計人員、建築師、作家、機械工程師、軟體工程師、服裝設計師、商務談判高手、「企業家」或「領導者」，等等，但如果你想成功的話，你不能什麼都是。成功者的普遍特徵之一就是，由於具有出色的強項，從而在一定範圍內成為不可缺少的人物。

資深並不意味就此高枕無憂

在今天這個越來越重視骨幹年輕化的時代，所有企業面臨不斷變化革新的時代，是出了問題而設法解決的時代。如果還憑藉「資深」在企業中高枕無憂的話，那麼危機就離你不遠了。

其實，作為一名資深的白領，你的職業能力才是企業看重的，而不是「資格」。要著手提高自己的能力才不會被「後進」的競爭者所淘汰。

瞭解現代企業這個高度複雜的「機器」運轉依仗的能力，及時的補充自己能力，才是在企業中不被淘汰的王道。提升自己決策能力、創造能力、應變能力就是提升自己在企業中的核心競爭力。

在職場上，沒有終生的雇傭關係，如果你的發展跟不上職業的發展，那麼你就能成為公司可有可無的人。因此，作為一名從業者，如果你想避免被淘汰的命運，讓自己有更好的發展，就要努力提升自己的專業技能，使自己成為那個不可或缺的人。

公司需要的是優秀員工。你必須持續不斷地自我成長，讓自己變得更優秀，否則根本不可能在自己的專業領域保持領先地位。俗話說：「臺上一分鐘，臺下十年功。」要成功必須加倍努力，而且要比別人更努力。有不平凡的過程，才會產生不平凡的結果。

對每一個職場人士來說，你的學習能力在一定程度上決定了在公司你能走多遠、做多久。因為任何工作都是需要學習才可以改進或者創新的。當一個人沒有從外界學習新東西的能力或者興趣時，當一個人不願意或者沒時間思考時，當一個人排斥創新時，他的進步與成長也就停止了。

美國著名作家威廉·福克納說過：「不要竭盡全力去和你的同僚競爭。你更應該在乎的是：你要比現在的你更強。」李開復也說過「山外有山，天外有天。在21世紀，競爭已經沒有疆界，你應該放開思想，站在一個更高的起點，給自己設定一個更具挑戰性的目標，才會有準確的努力方向和廣闊的前景，切不可做『井底之蛙』。」這些名言警句，都是在提醒我們，要不斷地學習才能有更大的發展。

學習是一個人對自己進行的最重要的投資。一個好的文憑也許能幫助你找一份工作，但它只代表你過去的成績，並不代表你將來在工作中取得的成就。所以，工作其實只是新的學習的開始。也許在短時間內，你並不能體會到學習的益處，但時間的威力是巨大的，能在工作後學習，並堅持下來的人，要比那些毫無目標的人過得充實得多，進步也快。

在過去的農業經濟時代，人們所依靠的最大財富就是土地；而到了工業時代，人們所依靠的最大財富則成了資源，誰擁有了資源，那麼誰就擁有財富；而在今天的知識經濟時代，人們最大的財富就是知識。我們不妨進行一個假設：你有價值1百萬的土地，但當地價下跌時，你的財產就會減少，而一旦把土地賣掉，它就不再屬於你了；在工業時代，你的工廠、設備都可能因為經濟不景氣或經濟危機而大幅貶值；但在知識經濟的時代，你的頭腦、你所擁有的知識財富絕不會因為曾經賺過1百萬之後就變得不值錢，恰恰相反，它的價值將會變得更高。所以說，整合自己的知識，把它變成資本，這就是我們一生的財富。誰擁有了知識，誰就等於扼住了命運的咽喉。

隨著企業規模日益壯大，企業內部分工也越來越細，任何人不管有多麼優秀，想僅僅靠個體的力量來推動整個企業的發展，是不可能的。知識只有轉化成有效的工作能力，才是你最大的財富，否則它一文不值。

能夠創造新知識的學習，也是企業中所需要的能力。中國海爾集團的擇業觀是：善於總結。海爾所要的不是一個有多麼豐富經驗的人，而是一個善於總結經驗的人。善於總結經驗的能力，就是學習能力。如果沒有學習能力，有再多的經驗，也不能轉變為智慧。相反海爾認為一個人一旦有了這種學習技巧及綜合的能力，即使現在沒有經驗，只要做成一件事，就會去總結到底是什麼原因造成的，這樣的人就會有一套自己的東西，發展的速度會很快。

終生學習和藍海策略

「成長危機」是指個人從某一發展階段轉入下一階段時，原本的技能和知識無法應付新的崗位要求，由此產生暫時的適應性障礙、短期行為混亂和情緒失調。這和現代社會快節奏的生活方式有關，更與過大的心理壓力有關，不少人經常會感到難以應對目前的處境。

首先要確定一個自我目標，保持平和的生活和工作心態，對於某些負面影響要有足夠的心理準備；其次是制定一份工作規劃，做好進入新環境的準備；最後，應盡量抽些時間參加業務方面的培訓，多充電對白領今後的職業發展大有裨益。

「終生學習」這句話近幾年來常常被人們掛在嘴邊，也越來越受到重視。有些人會特別安排時間，到學校或是補習班選修一些課程；有些人利用書籍或專業刊物補充知識；而有些人則認為工作即學習，所以要把握在職場中的在職進修機會。

但「終生學習」的觀念可以更嚴謹一些，更有步驟、更有計劃、更有系統地進行。大多數的人在工作了一陣子之後，應會逐漸瞭解自己在職場的強項和弱項，自己有哪一方面是比較專長，哪一方面需要再加強。

選擇終生學習裡的藍海策略。所謂的「藍海策略」，就是一個企業或事業體必須要有能力洞察到可以開拓的市場，並依恃自己的能力在這個市場中尋求別人不易競爭的優勢，而不是一味投入有太多競爭者的市場戰局，削價競爭，弄得兩敗俱傷；也不是明知競爭力不足的情況下，還在一個不適合你生存的市場裡強求一席之地。

許多人在考慮選擇要念的學校和要從事的工作時未必受「藍海策略」的觀念指引，反正醫生賺的錢最多，所以大家的第一志願就是醫學院；公務員工作穩定又有保障，所以高普考報考者年年擠破了頭；而在高科技產業發達後，電子新貴又成為社會新鮮人求職的首要目標。當大家跟隨潮流、順應社會價值去選擇、規劃生涯目標時，很少人會去考慮這個市場是否還有開發空間，更不會考慮自己在這個市場上有沒有競爭力。

每個人隨著歷練的增加，做到中階幹部後，總會知道，也總應該知道，自己能力的界限何在，屬於自己的競爭優勢與劣勢是什麼，自己的機會與挑戰在哪裡。走到這一步，還須認清自己已成過河卒子，不能回頭重來，因此就有必要在接下來的每一步更慎重規劃、評估，試著找到一條最適合自己的路。

從「藍海策略」的角度來看，在我們未來事業發展過程裡，到底哪一些市場最具開發潛力？而這些有潛力的市場又和自己專業強項有哪些關聯？如果兩者之間沒有關聯性，那麼可以經由哪些進修管道補足？以我個人而言，這種將「終生學習」和「藍海策略」兩種觀念結合、相互運用的思考，就成了在職進修時重要的判斷標準。在結合「終生學習」和「藍海策略」兩種觀念後，我對於如何利用到哈佛進修的機會規劃我的未來，確實有過一個深刻思考的過程與路徑。

終生學習不能脫離現實，而要著眼未來。

從一種思考歷程的角度來看，再回學校進修的計畫，從毫無概念到方向明確，其實可以先與事業現狀及未來發展做考慮。如果找不到直接關聯的領域，也可以從與工作有間接影響、對未來的生涯安排或生活有關聯的角度做考慮。就算都沒有關聯，從自己有興趣的題材著手，再從其中汲取觸類旁通的靈感或啟發，也不失為一條途徑。因為大部分有意義的知識、學科，並不是我們每晚睡覺前在床上翻一翻書就可以獲得的，有些必須也值得認真學習、研究的知識甚至是我們要終生學習的科目。

聯合國教科文組織出版的《學會生存》一書中說：「未來的文盲，不再是不識字的人，而是沒有學會怎樣學習的人。」很多人認為走出了校園，就等於學習生涯的終結，但事實上恰好相反，走出校園，走進社會，才是學習生涯的真正開始。這個社會永遠是快節奏的，每天都有新知識、新技能需要學，不學則退，不學就跟不上社會的節拍。

職場是一個永不閉館的競技場，每天都在進行著淘汰賽。就像草原上每天都要上演的追逐賽一樣，只有「讓自己跑起來」才能生存，也只有跑起來的動物才能獲得比同類更好的生存環境，不管是主動攻擊的動物還是被攻擊的動物。在當今職場上，被動是很容易被淘汰的，一個人要擺脫職場上的生存危機，使自己不被優勝劣汰的自然規律所打敗，就要善於尋找自己能力上的突破點，快速地突破停滯，讓自己儘快地優秀起來，不斷進步，只有這樣才能讓自己保持持續的競爭力。

每天多思考五分鐘

魯迅曾說過一句話：「哪裡有天才，我只是把別人喝咖啡的工夫都用在了工作上。」在很多人看來，社會上的成功人士，都是高高在上的，他們的成功經歷都是神秘的、可敬的。而事實上，成功者與普通人之間的差距，並非如大多數人想像的那樣，隔著一道巨大的鴻溝。他們的區別就像魯迅所說的那樣，或許只是一杯「咖啡」的距離。成功者只是比普通人多做了一點點而已——每天挪出一杯咖啡的時間，多做一些閱讀，多做一些努力，多做一些觀察，多費一些心思，多做一些思考，如此而已。

不要小看每天的這一點點，哪怕是5分鐘，就5分鐘，這點時間任誰都抽得出來吧，每天5分鐘，一年下來會是多久？十年下來又會是多久？每天比別人多花5分鐘去思考，去用功，那麼，長此以往，就會形成成功與平庸之間的天塹鴻溝。

在最具實力的世界5百大企業當中，因為每家公司所從事的領域和特點不同，在招聘員工時側重點也就不一樣。但是即使這樣，各公司在對新員工進行考核時，有一點是不謀而合的，那就是都喜歡聘用用自己的腦袋、思想工作的員工。

一個知名企業家曾經對他的員工說：「我們的工作，並不是要你去拚體力，而需要你帶著你的思想來工作。」從中我們可以得出結論，一個優秀的員工應該勤於思考，善於動腦分析問題和解決問題。

然而，在公司裡，有些員工缺乏思考問題的能力，也缺乏解決問題的能力。他們在遇到問題時，不是去多問幾個「為什麼」，多提幾個「怎麼辦」，而是逃避問題，這樣的員工不僅不受企業的歡迎，在職場上也難以發展。

在上班時，我們既要行動，也要思考，但是，下班之後，行動是可以停止了，但是否繼續思考則全在於個人的選擇。有些人的習慣就是「8小時工作，8小時思考」，他們不願意在工作之外還要思考有關工作的事，他們寧願跟好友聚聚會、吃個飯，或者乾脆上上網，聊聊天，然後睡大覺。還有的人則是「8小時工作，24小時思考」，他們雖然停止了工作，但對於工作的思考卻仍然在繼續，他們會在回家的路上、會在吃飯時、休閒時、休息時，腦子裡卻還在想——我今天工作的情況怎麼樣？我學到了什麼？哪些地方還可以提升？明天我該怎樣安排工作？剛才跟某某人聊天聊到了一些不錯的想法和點子能不能運用到以後的工作中……

懶螞蟻效應是日本一些生物學家們的發現，他們對幾組分別由幾十隻螞蟻組成的黑蟻群的活動進行了觀察。結果他們發現了一個有趣的現象：在成群的螞蟻中，大部分螞蟻尋找、搬運食物爭先恐後，但有少數螞蟻卻非常奇怪，牠們什麼都不幹，只知道東張西望，是蟻隊裡十足的「懶螞蟻」。可是，一個驚人的現象出現了，當蟻窩被破壞或者食物來源斷絕時，那些勤快的螞蟻一籌莫展，而那些平時表面上「無所事事」的「懶螞蟻」則「挺身而出」，帶領大夥向牠們早已偵察到的新食物源轉移。

原來，那些「懶螞蟻」把大部分的時間都花在了「研究」與「偵察」上，牠們的內心一直在動一直在思考，只不過表面上，牠們裝得比誰都安靜，比誰都無所作為。

思考是一種異常複雜的、艱巨的，有時甚至是一種痛苦的勞動，但這樣的痛苦，正是培養職場人士的強大力量。一個職場人，如果沒有經歷過痛苦的思考，並從思考過的地方產生出自己的思想來，那麼他就不能真正體會到在職業中成長的快樂。那種習慣了用別人的眼睛代替自己的眼睛、讓別人觀點代替自己觀點的人，在職業生涯的成長中是非常容易被淘汰的。所以，我們不能放棄思考，不能放棄職業中的成長成熟。

你的潛力將大到足以讓人仰視

有一部勵志片叫《面對巨人》，裡面有這樣一段話：「一個人不成功是因為不知道自己的潛力有多大。也許你無法成為巨星，但你的潛力足以讓你成為你曾經仰視的人！」與其浪費時間去羨慕別人，我們倒不如來開發自己的潛力金礦，找到自己最擅長的、最喜歡的，用心去挖掘，將這座寶藏的無限價值一點一點挖出來。

馬雲曾經說過這樣一番話——「我要做別人不願意做的事，別人不看好的事。當今世界上，要做我做得到、別人做不到的事，或者我做得比別人好的事情，我覺得太難了。因為技術已經很透明了，你做得到，別人也不難做到。但是現在選擇別人不願意做、別人看不起的事，我覺得還是有戲的，這是我這麼多年來的一個經驗。大家都合唱的時候，我只小聲唱，因為你唱得再響亮，也唱不過別人。而別人都開始沉悶不響的時候，你就要響起來。」

只要是自己認準的潛力點，那麼，越是別人不看好的越是要做好，這一點，對企業來說是如此，對我們個人的發展來說也是如此。物以稀為貴，別人都不看好，才正好說明我們所選擇的這個潛力點是大有可為的，是極有價值的，故而值得去做。

很多人並不是缺乏潛力，而是缺乏對自己的自我認同，只要有那麼幾個人不看好自己，立刻心裡就畏縮了，會質疑自己「我是不是走錯方向了？」「我真的適合做這個嗎？」這樣的自我否定，使得很多極具潛力之人始終未能成功地將潛力「變現」，只留下諸多遺憾。

所以說，將潛力變實力，這個過程很漫長，很艱難，我們一定要時時進行自我激勵，讓自己能夠少受別人的影響，自信而專注地把潛力這座金礦一鋤頭一鋤頭地開發出來。

有人曾經提出一個這樣的問題——將一張足夠大的紙重複對折51次，它的厚度將會達到多少？如果光是用想像力想一下的話，很多人大概會覺得，一張紙再怎麼疊，也不見得能疊出一座樓那麼高吧。我們不妨來計算一下，以一張普通的紙厚約0.075公釐計算，將它對折51次，也就是乘以2的51次方，得出的結果是：16884986公里。這個結果是一個什麼概念呢？找一個參照數，地球到太陽的平均距離，大約為149600000公里。也就是說，把一張紙對折51次之後的厚度，竟然比地球到太陽之間的距離還要遙遠！

人的潛力和紙的對折是同一個道理，如果我們能找到自己的潛力所在，並且堅持去開發它，把它「重複對折」51次，那麼，原本微小到幾乎可以不計的一點點潛力，最後會變成強悍的實力，強悍到讓人不敢置信。

在昆蟲界，跳蚤可能是最善跳的了，它雖然本身弱小，卻能跳到自己身高的幾萬倍的高度。有專家曾經拿這些最善跳的跳蚤做過一連串實驗——

他們先用一米高的玻璃罩罩著跳蚤以防牠逃跑。跳蚤為了能跳出玻璃罩，不停地跳啊跳啊，可是無論牠怎樣努力，無論牠怎麼跳，都在跳到一米高的時候，就被玻璃罩擋了下來。第二天，專家們取走了玻璃罩，他們驚奇地發現，這隻跳蚤即使沒有玻璃罩的束縛，也只能跳一米高了。接著，專家們又分別用50公分高、20公分高的玻璃罩罩著跳蚤，拿開玻璃罩後，跳蚤就只能跳50公分、20公分高了。後來，專家們拿來一塊特殊的玻璃板，蓋住跳蚤，讓跳蚤只有在玻璃板下爬行的空間，過一陣後拿開這塊玻璃板，這隻跳蚤再也跳不起來了，只會在桌面上爬行。在這個時候，有人不小心打翻了實驗桌上的酒精燈，酒精灑在了桌上，蹭起了火苗，火幾乎就要燒著爬行的跳蚤了，奇蹟出現了，就在火要及身的一瞬間，跳蚤又猛地蹦了起來，恢復了牠最善跳的本性，跳出了高出牠身體幾萬倍的高度。

人的潛力就好比這隻跳蚤的彈跳力一樣，既無窮也有窮，我們如果給自己設了「玻璃罩」，設了限，那麼，潛力再大，也發揮不出來，只有不設「玻璃罩」的時候，潛力才有海闊天空的無窮空間，才能真正地實現大爆發，實現跳蚤那般萬倍於身體的爆發力。

有學者指出，一個人的潛力，開發出來的往往不到十分之一，如果普通的一個人能將自己的潛力開足一半馬力，他能毫不費力地學會40種語言，能把百科全書從頭到尾背下來，能完成幾十所大學的全部課程。可以說，人人都可以成為巨人，只要不給自己設限，只要能給予潛力無窮空間。

從「吃了嗎」變成「吃力嗎」

長期處於過度勞累、緊張壓力下的人，不僅心理健康會受到影響，還會導致生理功能發生變化，甚至引發某些疾病。專家分析，緊張與壓力，會導致許多人產生倦怠、抑鬱、焦慮、煩躁、無助等消極的情緒反應。在生理上則會引起血壓、內分泌等一連串變化，嚴重的還會導致自律神經功能紊亂、內分泌失調和免疫力下降，最終導致一連串身心疾病。

有一位高僧帶領一群弟子研究佛學。其中有一個弟子非常刻苦用功，經常挑燈夜戰。不料學習進行到一個很重要的階段時，他居然生了一場大病。儘管非常艱難，但他還是堅持上課。在他看來，生命苦短，為追求智慧，絕不能浪費任何時間。高僧勸告他說，其實，智慧不一定就在前面啊，說不定它就在你的身後，只要放鬆身心，隨著自然節拍，就能得到智慧。

我們常常也是這樣，為了追求成功，一味地往前衝。我們很少停下來休息片刻，因為認為那是在浪費生命。其實，如果你不懂得享受生活，那才是真正浪費生命。你一心往前追求成功，卻不肯回過頭來看一看。也許在你回頭的瞬間，你就會發現成功的秘訣。會工作，也要會放鬆。放鬆是為了更有效地工作。只知道一味地忙於工作而不懂得找機會讓自己放鬆的人，就好像一匹一直向前拚命奔跑而不知道讓自己停下來的馬一樣，既是對自己工作效率的不負責，也是對自己生命的不負責。

宋朝詩人黃庭堅說過：「人生政自無閒暇，忙裡偷閒得幾回？」人的一生是忙碌的，忙裡偷閒是一種放鬆心態，是一種符合自然規律的調適方式。在自然界裡，春夏生機勃發，萬物生長，到處燕舞蝶飛；秋冬萬物沉寂，處於休眠狀態。人本身也屬於自然界的一部分，所以要懂得休養生息，順應自然規律。

懂得鬆弛有度，是一種生命的智慧。悠閒與工作並不矛盾，該工作的時候就好好工作，該休息的時候就好好休息。但是大多數人不可能有大量時間休息，所以要學會忙裡偷閒，讓緊綳的弦放鬆。放鬆不是放縱，而是養精蓄銳，是為了以一種更快的速度奔跑。

其實，上帝是公平的，不管是誰，每個人一天只有24個小時，你可以過得很從容，也可以把自己弄得忙亂不堪，沒有時間絕對不是藉口，那是你自己的選擇。懂得生活的人往往都是事業中的強者，他們不會每天都疲於奔命，他們會比任何人都尊重自己的休閒時間。

當你累的時候，不妨停下來休息一下，哪怕只是一會兒，也會讓你的身心得到不同程度的休整。這片刻的寧靜會讓你的身心猶如在清泉之中洗滌過一樣閒適平和，思維如大夢初醒一般清晰。這樣的休息容易讓你暫時從工作中抽身而出，以局外人的身分審視自己的工作，解開你在工作中百思不得其解的難題。

在工作與健康之上也要達到一種平衡，而不能一味沉迷於工作忽略了健康。在競爭十分激烈的當代社會，人們的疲勞感正在蔓延，最流行的問候語由十年前的「吃了嗎？」變成了如今的「吃力嗎？」不少35～50歲的社會菁英每天都在為幸福美好的生活打拚，卻不知一種名叫「過勞死」的疾病正向自己襲來。

人體就像「彈簧」，勞累就是「外力」。彈簧發生永久形變有兩個條件：即外力超過彈性限度和作用時間過長。當勞累超過極限或持續時間過長時，身體這個彈簧就會產生永久形變，勢必老化、衰竭、死亡。只有勞逸交替才能保持彈性，增加承受力，保持旺盛的生命力。

所以，我們都要學會調節生活，短期旅遊、遊覽名勝，爬山遠眺、開闊視野，呼吸新鮮空氣，增加精神活力。忙裡偷閒聽聽音樂、跳跳舞、唱唱歌，都是解除疲勞，讓緊張的神經得到鬆弛的有效方法，也是防止疲勞症的精神良藥。

總之，你的生活如何完全取決你對生活的有效掌控，當你的生活處於一種平衡、和諧與高效狀態之時，你就會享受到更多的生活快樂，你的生命也會更加充滿色彩和意義！當然，平衡的維持需要你不斷地努力，任何時候都不能掉以輕心。你要常常問自己：是否忘記了家人的生日？有多久沒有和家人一起看電視劇了？你也要常常反省：是不是沉溺於小家庭的甜蜜而遺忘了事業？有沒有讓家庭成為事業的絆腳石？另外，你的健康是否出現了某些徵兆，是否應該為健康投入一些時間……平衡的過程永不停歇，你的努力也應永不停止。只要你的生活處於均衡之中，也就永遠不會失控。

你不是只有職場人一個角色

工作中很努力的人大致可以分為這樣兩類人：一類是能夠很好地平衡自己的工作和生活，工作效率高，同時生活也很輕鬆很幸福的人，這樣的人可以長久地保持高效率的工作並且身體也很健康，生活也很完整。還有一種人，他們工作起來不分上下班，即便是下了班回到家還有堆積如山的工作等著他。這種人是只會工作而不懂得調節和享受生活的人，他們的生活就像是一個上足了發條的鬧鐘，除了發出滴答滴答的單調聲音之外，再也沒有別的聲音。這種人不可能保持長時間高效率的工作，同時也很可能讓健康成為自己努力工作的「成本」——他們的工作和生活是不平衡的。

現代社會，如何平衡自己的生活，做到工作和生活兼顧，是每個人都不應該迴避的問題。如果可能，讀點推理小說，在花園中工作，躺在吊床上做白日夢，都可以提高工作效率。如果你想提高自己的工作效率和幸福指數，可以嘗試著少點工作，多點遊戲。生活中一定數量的休閒能夠增加你的財富，當然，這裡主要是指精神上的財富。如果你在休閒上花更多時間，或許你最終也會增加經濟收入。

工作之餘的興趣愛好有助於你在工作中有所創新。當你追求休閒生活時，你的精神會從跟工作有關的問題中解脫出來，從而得到休息。很多最有創造性的成就，往往是在走神或胡思亂想中產生的。

下面是工作狂與和諧工作者的對比，教你如何區分工作狂與和諧工作者：

工作狂	和諧工作者
工作時間長	工作時間正常
沒有確定的目標——工作只是為了生活	有確定的目標——主要是為目標而工作
不會委託別人	盡可能委託別人
工作之餘沒有興趣愛好	工作之餘有許多興趣愛好
為了工作放棄假期	能按照公司規定正常地休假
在工作中發展膚淺的友誼	在工作外發展深刻的友誼
經常談論工作問題	盡量減少對工作的談論

經常忙著做事情　　能夠享受休息

覺得生活很累　　覺得生活是節日

一個可以平衡自己的工作和生活的和諧工作者能夠享受工作和娛樂，所以他們是最有效率的。如果需要，他們可能會大幹一兩個星期。然而，如果僅僅是例行公事的工作，他們可能懶得做，並以此為豪。

對於和諧工作者來說，人生的成功並不局限於辦公室。要做一個有著平衡生活方式的和諧工作者，就意味著是工作在為你服務，而不是你為工作服務。

把握工作與生活的平衡是一門高級的個人管理藝術，每個人都有自己獨特的辦法。在這裡，威爾許為我們提供了一些可供借鑑的經驗。

經驗一：無論參與什麼遊戲，都要盡可能地投入。我們已經陳述過，工作希望你150％地投入，生活也同樣。因此做事時要努力減輕焦慮、避免分心，或者說，要學會分門別類、有條不紊。

經驗二：對於你所選擇的工作與生活平衡之外的要求和需要，要有勇氣說「不」。最終，大多數人都會找到適合自己的工作與生活的平衡位置，以後的竅門就是堅持。

學會拒絕將給你帶來巨大的解脫，因此，你應該力爭對一切不屬於你有意識的平衡選擇之外的項目說「不」。

經驗三：確認你的平衡計畫沒有把你自己排除在外。在處理事業與生活的平衡關係時，一件真正可怕的事情是陷入「為了其他所有人而犧牲自己」的症候群。有許多非常能幹的人，他們制訂了完美的平衡計畫，把自己的一切都貢獻出來，給了工作、家庭、義工團體。問題在於，這樣的完美計畫的核心，卻有一個真空，那就是對當事人而言根本沒有樂趣。

第八章

跳槽：你的降落傘將要落到哪裡

裸辭很瀟灑嗎

眼下在中國職場上，選擇「裸辭」的年輕人呈增多趨勢，原因則是多種多樣。有的因為工作太枯燥，不能實現自己的抱負；或是對薪酬福利不滿意；或是因為人際關係處理不善；還有的是因為壓力太大，身心俱疲，就想給自己放個假等。

「裸辭」之後，有的人很快找到一份更適合自己的工作，有的人則是閒在家裡長達一年以上當起了「啃老族」。

網上現在流行著這樣的一個公式：「魄力+財力+才力=快樂裸辭」，即「裸辭」的背後其實是需要有財力和其他因素支撐的，也就是說，並不是誰都有能力「一辭了之」。

工作再痛苦，也要先做好梳理「裸辭」一身輕。但在「裸辭」之前，最好還是為之前的工作經歷做一個回顧和檢討。即使有些不愉快的經歷，這也是你追根索源尋找問題原因的好機會。多從自己的身上發現問題，總結得失，形成經驗，避免在之後的工作中再出現類似問題。這對你的職業發展來說是難得的成長契機。有據可循的發展一定比毫無目標的「亂撞」來得有效率。如果感覺之前的工作不適合自己，千萬不要瞎猜，為了防止再次出現「惡性循環」，你最好問問職業規劃師的意見，比起你自己胡思亂想，這個方法會更直接更有效。「裸辭」只是暫時逃避壓力的方法，對於絕大多數白領來說，最終還是要回歸職場。因此，當自己情緒激動時，盡量不要因為衝動而做出重大決定。「裸辭」前請一定要先做好規劃，三思而後行。

影響職場幸福有十二大因素，分別是：1.認為自己所在單位的管理制度與流程不合理；2.對薪酬不滿意；3.對直接上級不滿；4.對自身的發展前途缺乏信心；5.不喜歡自己的工作；6.對工作環境和工作關係不滿意；7.工作量不合理；8.工作與生活之間經常發生衝突；9.工作職責不明確；10.與同事的關係不融洽；11.工作得不到家人和朋友的支持；12.對工作力不從心。

「先就業，後擇業」這句話，相信你在畢業前已經聽了N遍，以此為求職信條，你在一片迷茫和慌亂中找了一份工作「先做再說」，上班後發覺不滿意，「先就業，後擇業」又再次成為自我安慰的最好理由：先做著再說，至於目標、發展，將來慢慢再說吧！

不過，時間的流逝不是「無償」的。三年後，那份「隨便做做」的工作也許就成了職業發展道路上一道不會癒合的傷口：繼續下去，讓自己心痛；想轉型，能力無法轉移，且發展無望。

我們滿以為，隨著財富的累積、社會聲望的提高，就能理所當然地得到相對應的幸福感。事實上，據國務院發展研究中心調查顯示，那些社會上認為最應該「幸福」的企業家和高管們經常出現「煩躁易怒」的占70.5％，「疲憊不堪」的占62.7％，「心情沮喪」的占37.6％，「疑慮重重」的占33.1％，「挫折感強」的占28.6％。

另有調查表明，制約大多數領導者帶領自己的企業開創藍海、走向又一個成功的瓶頸，不是他們在決策、溝通、戰略、執行上的缺乏，而是更深層次的心理強度與彈性的提升——積極心理力量的激發和保持。

縱觀職場，不僅那些承受高壓的企業家和高管們，我們每一個人都需要尋找一種保持內心幸福的積極力量。

別把時間花在糾結跳與不跳上

許多人把時間耗費在糾結到底跳還是不跳槽上面，這是非常不明智的行為。因為當我們處於這個糾結期的時候，我們既沒有辦法改變此刻工作的狀態，讓自己從原本工作的痛苦情況中解脫出來，也沒有辦法下定決心為自己做一個更好的計畫和打算。總之，我們如果把時間放在這個上面，就完全是在無意義地浪費。這樣的猶豫不決根本就不能從實質上去解決問題，同時還繼續延續著無限的痛苦。

在經濟衰退期，儘管很多人出於不安而固守現有的飯碗，但還是有越來越多的雇員敢於挑挑揀揀，追求自己稱心如意的職位。美國一家人才管理公司一份調查顯示，31%的從業人員對目前的工作不滿意；74%的人表示如果有其他就業機會，他們會選擇辭職。獲得更高的薪水、更好的職業發展機會和轉換環境是人們辭職的主要原因。一般情況下，出現下面十種狀況，就表明是時候辭職了：

1. 這份工作總讓你生病。

2.創造力下降。
3.不再能學到新技能。
4.屢次和升遷擦肩而過。
5.工作重組與你無關。
6.付出得不到認可。
7.付出和回報不成正比。
8.對工作失去興趣。
9.公司在萎縮。
10.公司價值觀和你不再合拍。

跳槽前做好3個心理準備：

一是新工作的發展目標是否符合自己的性格、特長與興趣。當你從事的工作，既符合自己的性格特點又是自己所擅長和愛好的，那麼就能夠快速從千軍萬馬中脫穎而出，這是職場中很重要的一點。

二是工作是否有可持續發展空間。因為選擇跳槽就是為自己選擇一個更為廣闊的發展空間，要不斷提升自己技能、可以延續自己的專業能力、行業發展空間巨大。

三是工作是否有助於自己擴展人脈資源。人脈關係在一個人的職業生涯中扮演著極其重要的角色，一個優秀的職業平臺應該既可以發揮個人技能優勢又能幫助拓展有益人際關係的開放式平臺，能夠幫助職場人士在工作中不斷累積自己的人脈資源，擴展視野，獲取更多的經驗與指導。

「閃離」能閃哪兒去

「閃離族」，最早是人們對「80後（1980）」婚姻狀態的描述，意思說這些新生代觀念超前、個性鮮明，婚前雙方瞭解不夠，婚後又不能相互寬容，結果進入婚姻生活時間不長，就草草離婚。職場上的「閃離族」，是指大學生對找到的工作滿意度不高，上班時間不長，甚至連應聘的崗位還不熟悉，就提出辭職，另謀新職。

大部分的人力資源專家這樣評價：當招聘人的時候，如果發現對方頻繁地換工作或者僅僅是因為福利待遇而跳槽，這樣的人一般公司是絕對不會聘用的，因為他們知道這是一個碰到壓力或者好處就會逃跑的人。

在人才市場機制完善的發達國家，專業技術人員一生跳槽的平均數為4次多一點，有些行業的人很少流動。在一些發達國家，有一份穩定的工作，就意味著有穩定的收入，那是人人都求之不得的。可能在中國不能說出跳槽應該跳多少次好，但是這裡有個標準，那就是你找的工作是否適合你，如果適合就不要輕率放棄。

剛剛走入社會的年輕人，充滿了蓄勢待發的豪情、青春的朝氣、前衛的思想，夢想著豐厚的待遇和轟轟烈烈的事業。年輕人充滿夢想，這是件好事情，但年輕人往往不懂得，夢想只有在腳踏實地的工作中才得以實現。面對複雜的社會，他們往往會產生浮躁的情緒。在浮躁情緒的影響下，他們常常抱怨自己的「文韜武略」無從施展，抱怨沒有善於識才的伯樂。

許多浮躁的人都曾經有過夢想，卻始終無法實現，最後只剩下牢騷和抱怨，他們把這歸因於缺少機會。實際上，生活和工作中到處充滿著機會：學校中的每一堂課都是一個機會；每次考試都是生命中的一個機會；報紙中的每一篇文章都是一個機會；每個客戶都是一個機會；每次訓誡都是一個機會；每筆生意都是一個機會。這些機會帶來教養、帶來勇敢，培養品德，製造朋友。

腳踏實地的耕耘者在平凡的工作中創造了機會，抓住了機會，實現了自己的夢想；而眼光不願俯視手中工作，嫌其瑣碎平凡的人，在焦慮的等待機會中，度過了並不愉快的一生。

浮躁的對立面是認真、穩定、踏實、深入。無論是治學、為人，還是做事、管理，如果能遠離浮躁，你便又向自己的夢想邁進了一步。

香港一位知名的女作家說過，品味生活，在於抓住生活的空隙。一些不經意間發生的事情，往往會帶來許多歡樂。生活的意義，正如一杯清茶，誰都能體會到它的清苦，可只有細細品味，才能體會到其中的香醇。

也許你會問，在競爭如此激烈的年代，哪兒有本錢慢下來啊？其實不然，「慢生活」並非讓你放棄自我、無所事事，它與物質的富有程度也沒有多大關係，「慢生活」中的「慢」更多的是一種健康的心態，一種積極的生活態度。對我們普通人來說，每一天都是當「慢人」的好時候，只要你運用得當，做個有品味、有資本的「慢人」絕不是什麼難事，更不是什麼壞事。

一位哲人說過：「好高騖遠會導致盲目行事，腳踏實地則更容易成就未來。」年輕人往往充滿夢想，這是件好事情。但年輕人還要懂得，夢想只有在腳踏實地的工作中才能得以實現。

一個人如果做事腳踏實地，具有不斷學習的主動性，並積極為一技之長下工夫，那麼他便容易獲得成功。一個肯不斷擴充自己能力的人，總有一顆熱忱的心，他們肯做肯學，多方向人求教，他們在不同職位上增長了見識，學到了許多不同的知識。

腳踏實地的人，能夠控制自己心中的熱情，認認真真地走好每一步，踏踏實實地用好每一分鐘。他們甘於從基礎工作做起，在平凡中孕育和成就夢想。無知與好高騖遠是年輕人最容易犯的兩個錯誤，也是導致他們失敗的原因。許多人內心充滿夢想與熱情，卻不能腳踏實地去做。

很多年輕人在謀職時，總是盯著高職、高薪，總希望英雄能有用武之地，可一旦當他們對工作厭煩時，就會抱怨工作的枯燥與單調，當他們遭受挫折與失敗時，就會懷疑工作的意義，漸漸的，他們輕視自己的工作，並厭倦生活。

那些有所成就的人士，都具備務實的心態，都是踏踏實實地從簡單的工作開始，透過一些微不足道的小事找到自我發展的平衡點和支撐點。

你是否有「跳槽焦慮症」

目前在中國職場，在一家公司待滿3年已經算元老級人物，在崗位上工作幾天、幾周、幾個月就跳槽十分平常。國內職場人士的高跳槽率有各方面的原因，然而，相當部分都市白領動不動想跳槽，需要檢查一下自己是否患上了「跳槽焦慮症」。

工作2～3年以內的白領是「跳槽焦慮症」的高發群體，而這一群體中大部分還沒有成婚，沒有來自家庭的負擔和責任，使得他們不懼怕風險，更願意去冒險。而且，年輕人野心勃勃，幻想著未來的風光生活，願意為了這份夢想放棄安定。但是，光有熱情往往還不能成功。根據生涯職業諮詢機構的分析結果，在目前的職場跳槽者中，至少有6成以上屬於盲目跳槽，即還沒有好好地為自己做一份適合自己的職業規劃就匆忙跳槽，客觀上導致的結果，也是頻頻跳槽。

「此處不留爺，自有留爺處」，人們在跳槽時往往表現得很瀟灑，但真正到找工作時又覺得無奈。一個頻繁轉換工作的人，在經歷多次跳槽後，會發現自己不知不覺中形成了一個習慣：工作中遇到困難想跳槽，人際關係緊張想跳槽，看見好工作（無非是多掙幾個錢）想跳槽，有時甚至莫名其妙地想跳槽，總覺得下一個工作才是最好的，似乎一切問題都可以用轉移陣地來解決。這種感覺使人常常產生跳槽的衝動，甚至完全不負責任地一走了之。

久而久之，當跳槽成為一種習慣，我們不再勇於面對現實、積極主動克服困難了，而是在一些冠冕堂皇的理由下逃避、退縮。這些理由無非是不適合了、不能與同事或經銷商很好地相處、上司不理解、運氣太不好、懷才不遇，等等，總幻想著到一個新的單位後所有問題就都迎刃而解了。這樣的行為未免太幼稚了！

跳槽就要有明確的目標，不能像一群候鳥飛東飛西，哪裡錢多就往哪裡跳，哪個公司名氣響就往哪裡闖，這樣永遠成不了雄鷹。這就需要每個職場人士都要對自身職業生涯的計畫。明確自己的興趣、有針對性的培養相應的能力，再為自己的未來職業發展做一個中長期的規劃。同時，更為重要的是要對比兩家公司給自己的職位是否符合自身的發展規劃，是否有更大的上升空間。

焦慮是每個人都有的情緒體驗，要防止它成為病態，就要尋找各種能舒緩壓力的方式。面對焦慮，面對真實的自己，是化解焦慮的最佳良藥。讓我們一起化焦慮為成長的契機，做個自在、心無掛礙的現代人。

下面就教你幾招來化解焦慮：

1.進行有氧運動，以振奮精神

焦慮者可通過有氧運動，振奮自己的精神，如快步小跑、快速騎自行車、疾走、游泳，等等。透過這些耗氧量很大的運動，加速心搏，促進血液循環，改善身體對氧的利用，並在加大氧的利用量中，讓不良情緒與體內的滯留濁氣一起排出，從而使自己精力充沛，並進而振作起來，心理困擾由此自然就得到了很大排解。

2.休閒時常聽音樂，以改變心境

一個人，不管他的心情多麼不好，只要能聽到與自己的心境完全合拍的音樂，就會感到無比的舒暢。以音樂來擺脫心理困擾時，要注意選擇能配合當時心情的音樂，然後逐步將音樂轉換到有利於將自己的心情調整到希望獲得的方面來。

3.選擇適宜顏色，以滋養身體

美學家透過研究多人的行為發現，猶如維生素能滋養身體一樣，顏色能滋養心氣，而且效果十分明顯。要注意選擇適宜的顏色，凡是能使心情愉快的鮮明、活潑的顏色以及具有緩和和鎮靜作用的清新顏色都可採用，這樣，可使你的視覺在適宜的顏色愉悅下，產生滋養心氣的效果，並使心理困擾在不知不覺中消釋。

4.做一個三分鐘放鬆運動操，以緩解焦慮

一分鐘「抬上身」——緩慢地使身體向下觸及地面，雙臂保持伏地挺身姿勢，然後雙手向下推，胸部離開地面，同時抬頭看天花板，吸氣，然後再呼氣，使全身放鬆。

一分鐘「觸腳趾」——雙手手掌觸地，頭部向下垂至兩膝之間，吸氣。保持這個姿勢，再抬頭挺胸，同時呼氣，然後全身放鬆。

一分鐘「伸展脊柱」——身體直立，雙腿併攏，在吸氣的同時將雙臂向上伸直舉過頭，雙掌合攏，向上看，伸展軀幹，背部不能彎曲，然後呼氣放鬆。

二十幾歲跳槽 VS. 三十幾歲跳槽

25～30歲是職業建立期和累積期，在我國，這一年齡層是職業發展的黃金時期。這一階段的人已經告別了年少的輕狂，精力充沛，在工作中能吃苦耐勞、能長期外派；家庭的負擔較小，交友活躍，因而容易累積人脈；同時，這一年齡層的人是創新思維最為活躍、好動腦筋、創造欲最旺盛的時期。

25～30歲這個年齡層成功欲望最強烈，人生的壓力也最大，離開了父母，首先要財務獨立，解決自己的生存問題；其次要戀愛、結婚、生育、負擔家庭開支，一生中最重要的各種抉擇、最花錢的各種事情（除了看病）都正好聚集在這一時期。因而，這一時期也是職業生涯中做得最苦最累的幾年，是付出多、得到少的時期，是播種期。

這一年齡層的末段，即30歲的時候，個人往往會迎來一個職業危機期。借用孔子的話說，就是要「三十而立」。進入25歲的時候開始考慮如何才能「立」，到了30歲，覺得自己還沒有「立」起來的人，通常會考慮跳槽，甚至轉行。

面對跳槽，二十幾歲和三十幾歲的人所處的環境、業務能力和經驗都有所不同，因此選擇跳槽時需要考慮的側重點也不一樣。

二十幾歲跳槽所需要注重的是，在新的公司能夠學到多少業務所需的知識和技能。這一代人經濟獨立沒多久，很容易被高年薪所誘惑，但能累積多少經驗比金錢更重要。俗話說，「千金難買少年苦」，年輕時受到的苦越多，對自己的工作越自信。二十多歲正是應該身體力行去職場打拚的時候，工作辛苦一點沒有關係，這將會成為一個人一生的寶貴經驗。就當是對體力和精神的磨礪，多累積一些經驗，這樣到了三十多歲能做的業務面也就更寬。

三十多歲跳槽就又不同，他們所注重的關鍵點在於能否累積有助於實現長期職業目標的工作經驗，或者能否培養特定領域的業務能力。

同樣的職業，在小公司的責任和許可權往往要大於大公司，因此選擇規模小一些的公司也是一個不錯的選擇。或者可以選擇重視培養員工能力的公司，能夠在該領域進一步深造也是可以考慮的，或者如果可以藉由換工作來擴大視野也是不錯的選擇。

比如，同樣是市場行銷職業，但是可以換到其他行業來擴展對該行業的認識；或者跳到同一行業的其他工作部門，從而熟練掌握這一行業的運轉流程，能夠精通這個行業，成為一個業界專家。

在現實生活中，35歲以上的人跳槽很難，因為大部分的公司都喜歡認分工作的，而不要那麼多當頭的。你要是撲到人家的地盤上去領軍，十有八九不如意。除非你有非常深的人脈關係、較大的客戶群，或者是特殊專業的高端技術人才，比如總會計師、總審計師，或者是有聲望的律師等等資深專業人士。

年輕是最好的資本，35歲以前，看準了趕快跳，跳一次就得有一次收穫，別放空槍，也別打一槍換一個地方。臨近35歲的時候，就應選好安營紮寨的地盤，35歲以上再跳槽，就應格外小心了，這個歲數一般輸不起。

跳槽要對抗的是誘惑

當我們到一家公司或者企業的時候，我們自然會帶來之前所學的東西，在工作中，這些經驗和知識會自然而然被應用進來。如果運用得當，我們做工作會事半功倍。這是好現象。但有時候，我們也會發現，我們之前的觀點、理念和思維，與現在公司的很多做法是相悖的，會發生衝突。怎麼辦？

很多人採取的方法是：激烈反抗，用力證明自己是對的。其結果，會使得他加入一家公司後，很久都適應不良。隨著時間流逝，有些可能會慢慢壓抑自己與公司觀念、理念衝突的部分，融進新公司。另外一些人，則無論如何也不相容，最後的結果，因為衝突太大，只好分道揚鑣，選擇離開。

這也就是為什麼，很多新人加入公司後，3～6個月，或3年內，流動率非常高的原因。換工作是為了實現人生目標的一種手段。但換工作並非兒戲，這是人一生中非常重要的抉擇。不經深思熟慮，因一時的誘惑而無畏地選擇跳槽則萬萬不可。所以跳槽前一定要三思而後跳。

跳槽之前一定要冷靜考慮多種可能性，要做長期打算。然而，我們的周圍總會有很多擾亂視線的誘惑。想要讓跳槽更成功有4大忌諱，你不可不知！

誘惑一：別讓知名度和「鐵飯碗」誘惑了你

許多人跳槽往往不會去考慮自己想做什麼、能做什麼，只是盲目地選擇知名度高的公司，然而這種跳槽風險很大。

如果你跳槽是因為工作壓力太大，那麼你就應該找一家工作氛圍相對輕鬆的公司。如果你跳槽是想找一個更大的平臺，那麼你就應該選擇一家行業內比較知名的大型企業。但是有的人卻忘記了換工作的初衷，過分在意周圍人的評價，只注重公司的知名度高不高。

也許有名氣、受到社會認可並能讓父母滿意的公司會給你提供相對穩定的工作環境，但如果你注重的並不是這些應該怎麼辦？每個月都能拿到固定的工資，但你只能做一個默默無聞的無數滴水珠當中的一員，而這是你不願意的，那應該怎麼辦？

好公司有自己的優點，在知名公司工作過的經歷對你的就業會起到正面作用，但如果其中某些因素使你猶豫不決就一定要好好考慮，實際上更重要的是入職以後自己是否對這份工作滿意。比起穩定而單調乏味的工作，有挑戰性的工作更有利於自身的發展。

誘惑二：升職中毒？別再迷信空殼的誘惑

一些在知名度高的大公司工作一段時間後的人，會轉到規模小又沒名氣的小公司，而且會一直反覆。他們都有共同點，一是聽不進別人的責備；二是比起年薪或業務內容更加注重職位的高低。

往好的方面說，這種人有獨立意識和進取心。而實際上他們是只會逃避而用職位來滿足自己虛榮心的人。只要給他提供更高的職位，就會飄飄然，不管三七二十一考慮跳槽。這可以比作一開始住大房子的人，為了開好車，一再搬到更小的房子裡去，其實是非常得不償失的。

誘惑三：看得到、摸不著的華麗職業

時尚雜誌會介紹一些職場女性普遍的生活方式，在雜誌的報導中她們似乎都會有一個英文職業名，對自己的工作也相當滿意，而且戀愛或者自我開發等私生活方面也很幸福和充實。這些內容讓不少初入職場的女性都心動不已，跟報導中的這些白領女性比起來，自己就顯得非常渺小。於是不少職場女性都開始追求這種白領女性的生活。

但那些職場女性在現實生活中是否真的像雜誌所介紹的那樣過著幸福的日子呢？這個答案只有她們本人最清楚。雜誌社就盡力去報導至少看起來如此的職場女性，正是因為過著充實生活的「八方美人」為數不多，這樣的內容很受大眾的歡迎和推崇，迎合讀者的口味非常適合。媒體出於自己的利益，為了抓住更多人的目光，報導的內容中相當部分是過於美化了這些職場女性的形象，儘管是不真實的故事也要拿出來做報導，這是媒體的誤導。

那些職場女性看似過著令人羨慕的職場生活，但實際上她們有著與普通女性一樣的苦惱，就如高貴的天鵝在水底下拚命掙扎。我們是否只看到她們華麗的外表，而過高評價她們職業的魅力，或者沒有看到過程而過於注重結果呢？沒有必要為這些不適合自己的職業，去消耗你人生的寶貴時間。

誘惑四：年薪真的很重要嗎

跳槽可有多種理由，而在現實生活中金錢的誘惑是不容忽視的。高薪往往是誘惑人跳槽的最直接因素。對某些人來說，錢是必不可少的，也是體現個人身分地位的象徵。

如果現在的公司不給發獎金，遲發工資，也不知何時被解雇，那你就得慎重考慮跳槽。但是如果沒到這種境地，因只在乎金額上的差異而考慮跳槽其實並不是一個好的選擇。在一般公司組長以下職位的年薪也不會超過四、五十萬元，是一個不大不小的數目。一年存個十來萬確實不容易，但仔細盤算，除以12個月再扣去稅金，按月攤也就能買幾套衣服。因個人的收入狀況和經濟觀念不同，金錢的分量也會不一樣。

如果說有比金錢更重要的，那就是金錢和你的工作之間的關係。這個問題會關係到一個人的終身職業。除非你想用拚命工作幾年的錢來做自己的生意，你的工作會關係到你未來的職業和人生方向，那麼為區區一點年薪的差額而放棄目前很讓你滿意的工作，長遠來看這可是一個重大失誤。如果工作是為了追求眼前的金錢利益，那麼這種熱情最多也不會維持10年以上。

決定了跳槽，就要認真想一想放棄目前工作的代價會是什麼？辭職是為了什麼？跳槽是因為這個公司不能滿足自己哪些方面的需求？

問題的核心點不在於跳不跳槽，重要的是要弄清自己想要做什麼。漫長的人生道路要有目標，跳槽只是實現這一目標的手段而已。跳了槽以後的公司你能做什麼，能付出什麼，還有你願意做什麼，你想獲得什麼。

小心把忠誠度跳沒了

當一些世界著名的企業家被問到「您認為員工應該具備的品質是什麼」時，他們無一例外地選擇了「忠誠」。忠誠是一個職業人士的做人之本。忠誠於公司、忠誠於老闆，實際上就是忠誠自己。一個員工，只有具備了忠誠的品質，才能贏得公司的信任，取得事業的成功。

相反，一個員工缺乏忠誠度的一個直接表現就是頻繁的跳槽。一些員工，在他們累積了一定的工作經驗後，便一聲招呼也不打就不辭而別，這樣的人哪家公司敢用？頻繁的跳槽直接損害的是企業，但從更長遠的角度來看，對個人的傷害更深。因為無論是個人資源的累積，還是由跳槽所養成的「這山望著那山高」的習慣，都會使你的價值有所降低。

許多職場中人都渴望找到一個適合於自己施展才華、有所發展的工作環境，這當然是值得鼓勵的。但過於頻繁的跳槽，對企業的負面影響是相當大的，同時，也會影響到個人的道德可信度。幾乎沒有哪家公司的老闆會任用對自己公司不忠誠的人。頻繁跳槽的人，對忠誠是一種褻瀆，其結果往往是撿了芝麻，丟了西瓜。

所以，我們要在腦海裡根深蒂固這樣一種工作理念：好工作絕不是跳出來的，只能是自己踏踏實實做出來的。

Nordex中國業務主管馮．沙佩爾說，中國員工抱著每年增長10％工資的希望來到這裡。工資的附加費用提高很快，目前這一部分大約是工資的50％。

德國另一家公司也有同感。製造開關櫃的Rittal公司在上海生產，該公司長駐上海的主管說，中國員工的薪資雖低，但他們往往提出很高的要求。這些要求包括：免費在員工餐廳用餐，上下班接送，經常組織帶家屬的週末旅遊。在德國，沒有人會出這一招，不會希望總讓公司負擔費用。Rittal沒有其他選擇，因為工人總跳槽，他們必須不斷培養新員工。

在深圳、上海、香港這樣的大都市，工資水準已接近西方，最重要的原因是競爭激烈。

競爭不局限在西方公司之間，西方公司也要面臨來自中國公司搶人才的壓力。歐洲人對中國員工跳槽的現象歸結為缺乏忠誠度。

人才跳槽最嚴重的要數銀行業。上海德累斯頓銀行分行一下跑了整個部門的中國職員，因為競爭對手開出了更高的薪水。隨著中國進一步開放銀行服務市場，這類事件的發生還會增加。

為什麼你總是跳槽？有人說，跳來跳去工資會跳漲高；也有人這麼說，這個單位政治鬥爭太複雜；還有人那麼說，發展空間太小；更多的人說，這個單位太累人……

其實，他們說的理由都是真的，也都不成立。跳槽後工資會漲高，但更肯定的是，被雇人單位懷疑你跳槽目的不是為了事業只為錢；以企業政治鬥爭複雜為理由跳槽，只對上層管理者成立，企業上層政治鬥爭失敗只能跳，你不跳也被趕著跳。其實，對一般員工來說根本沒影響，企業政治鬥爭只在上層，無論怎麼鬥、誰上臺，誰都喜歡工作認真的，只要好好做，誰與誰愛鬥不鬥，再說哪個企業沒有政治鬥爭。至於說到發展空間小，除非企業快垮了，再不除非你已經是CXO離CEO只有一步之遙，才叫小，不然可以說職務越低，空間越大。至於太累嘛，現在要找的、能找的、會用人工作，除了累，就是失業，選吧。

第九章

開扇窗為職場解壓

任何難關都得自己過

在狼的世界裡，「適者生存」就是牠們最重要的生存法則，如同最虛弱的美洲駝鹿為狼所捕獲一樣，最虛弱的狼也會消失。狼的生存主要是依託在戰勝對手、吃掉對手的方式上，否則會被餓死。而捕獵是危險的，狼在捕獲獵物的時候，常常會遇到獵物的拚死抵抗，一些大型獵物有時還會傷及狼的生命。研究表明，狼捕獵的成功率只有7%～10%。

一旦捕獵成功，狼還必須警惕其他想不勞而獲的動物的襲擊。這些動物還經常襲擊、捕殺狼的幼崽。最後，狼還必須與人類抗爭，人類無疑是狼安全生存的最大威脅。

正是在這種險惡環境中，狼才得以戰勝對手，成為陸地上食物鏈的最高單位之一。困境一般是產生強者的土壤，正是這種環境，使狼成了強者。

在我們每個人的心裡，總有著對美好生活的憧憬，希望自己的生活順風順水，希望自己的人生一路坦途。然而，現實總有那麼多的不確定，驚奇、驚喜、驚訝爾後驚歎，即使看起來不是那樣的波瀾起伏，也常常被印證於「水靜流深」的古訓。想來，這般的現實既然無法拒絕，何不勇敢的面對生活的挑戰，認清自己的優勢所在，自信、自愛而不自負，積極地面對生活，樂觀而不盲目，相信生活絕不會將我們永遠擋在幸福之門的外面。

卡耐基曾經問及芝加哥大學校長，究竟是什麼讓他叩開了成功之門？校長微笑著答道：我一直信奉著西爾斯總裁羅森華的觀念，即假使你手上有一個酸檸檬，不要立刻想將它吃掉，相信它的酸苦會讓你卻步，但是如果你將它做成檸檬汁，卻非常的可口。接著，校長娓娓說道，可是，在生活中真正能夠做到這一點的人非常少，人們總是背道而馳。好比一位朋友送給他們一個酸檸檬，為了不辜負朋友的美意，人們往往硬著頭皮吃下它，可是他們心裡卻在自責，我為什麼要受這種罪呢？但換做一個精明的人，不僅不會產生這樣的想法，而且在他的內心深處，已經開始尋找製作檸檬汁的工具了。

淬火效應原意指金屬工件加熱到一定溫度後，浸入冷卻劑（油、火等）中，經過冷卻處理，工件的性能更好、更穩定。

由此在心理學中衍生出的含義為長期受讚揚頭腦有些發熱或者正在成長的人，不妨設置一點小小的障礙，施以「挫折教育」，他們幾經鍛鍊之後，心理會更趨成熟，心理承受能力會更強。

無論是職場上還是生活中，都有折磨我們的人和事，面對這些，我們應該抱著感恩的心態去接受。就像淬火效應所說的，我們的心理承受能力才會更強。基於這一點，我們應該為自己能接受「挫折教育」感到幸運，當然，我們更應該感謝那些「折磨」自己的人。

別被過去的失敗「套牢」

一位成功學專家曾經說過，錯誤是不可避免的。如果說成功是人生最理想的朋友，那麼，錯誤則是人生永遠拋不掉的夥伴。犯了錯誤並不可怕，可怕的是犯了錯誤以後試圖掩飾或推卸責任。在錯誤面前詭辯的人，就等於重犯一次錯誤，甚至比重犯錯誤更危險，因為錯誤已在他腦子裡扎了根。

做錯了，就要儘快從錯誤中走出來。千萬不要懼怕伴隨錯誤而來的負面影響，一味地隱藏錯誤或為自己的錯誤尋找開脫的藉口，錯誤就會制約你前進的步伐，減慢你成功的速度，降低你的行動品質。事實上，很多時候，如果你能以積極的心態，勇敢承認錯誤，那麼你就不會為錯誤所累，你就會獲得成功。

比倫效應是由美國考皮爾公司前總裁F．比倫提出，他曾說過：如果你在一年中不曾有過失敗的經驗，你就未曾勇於嘗試各種應該把握的機會。這一定律後來被心理學家引申為：無論是誰，無論做什麼工作，都是在嘗試錯誤中學會不斷進步的，一個人經歷的錯誤越多，他就越能進步，這是因為他能從錯誤中學到許多經驗，學到很多成功時無法學到的東西，用一句話概括就是：失敗也是一種機會。

中國有句俗得不能再俗的俗語：「失敗為成功之母。」太過一帆風順從不犯錯的人很難相信他會取得多麼了不起的成績。縱觀全世界的歷史偉人或者當今的領袖人物，無論是在職場、商場還是政場上，成功的人中無不經歷過各種各樣的失敗和挫折，而他們卻能夠從這些挫折和失敗中不斷總結，不斷爬起來，並從失敗中清晰地看清哪些該做，哪些該堅持，哪些該放棄。那些他們以為該堅持的，不管在堅持的過程中遇到多大的挫折和失敗，他們依然讓自己耐得住挫折，最後走向成功。

比倫效應告訴我們：失敗是在所難免的，我們不要刻意害怕失敗而猶豫不決，也不要害怕犯錯而縮手縮腳。因為失敗也是一個機會，是一個可以比從成功中學到更多東西的機會。

墨菲定律的原話是這樣說的：如果有兩種選擇，其中一種將導致災難或者錯誤，則必定有人會做出這種選擇。

根據「墨菲定律」，心理學家們概括出以下四點啟示：

一、任何事都沒有表面看起來那樣簡單；

二、所有的事情實際上都會比你預計的時間長；

三、人人都會出錯，這不可避免；

四，你越是擔心某種情況發生，那麼它就更有可能發生。

在這裡，我們要強調的是第三點：人人都會出錯，這不可避免。犯錯是人類與生俱來的弱點，不管科技有多發達，人們還是會出現錯誤。這就啟示我們，無論是在工作中還是生活中，不要害怕犯錯，因為錯誤無法避免。重要的是要懂得在錯誤中不斷改進不斷進步。

有時候失敗不能阻礙你成為一個成功的人，關鍵還是在於你的想法，是你把自己限制在了一個小圈子裡，而成功和失敗是不可逾越的鴻溝。從不失敗只是一個神話，只要你的人生有過成功，失敗就並不可怕。

英國資深出版人哈樂德・埃文斯曾經有過這樣一段精彩的論述：對我來說一個人能否

在失敗中沉淪，主要取決於他是否能夠把握自己的失敗。每個人或多或少都經歷過失敗，因而失敗是一件十分正常的事情。你要想獲得成功，就必得以失敗為階梯，換言之，成功包含著失敗。關於失敗我唯一想說的話就是，首先要敢於正視失敗，然後找出失敗的真正原因，樹立戰勝失敗的信心，以堅強的意志鼓勵自己一步一步走出敗局，走向輝煌。

透過自己的失敗，我們可以認識到自己的不足與局限，瞭解自己的不成熟之處。透過別人的失敗我們同樣可以受到很多啟發，學到許多真知，從而可以使我們少走很多彎路。

要操縱得失，別被得失操縱了

人生的三苦，一苦是，你得不到，所以你痛苦；二是，得到了，卻不過如此，所以你覺得痛苦；三苦是，你輕易地放棄了，後來卻發現，原來它在你生命中是那麼重要，所以你覺得痛苦。我們何不保持一種平常的心態，痛苦不就會隨之而減輕嗎？以一種平常的心態看待得失，人生完全可以不苦。

人的一生，總會有許多或大或小的成功與失敗。有的人因為一時的成績沾沾自喜，故步自封，停滯不前；有的人因為一時的失敗心灰意冷，一蹶不振。人生需要放眼長遠，超越成敗得失，塑造平常心態，以平常心，面對工作中的得失。從人生的根本意義來理解，冒險失敗勝於安逸平庸。轟轟烈烈地奮鬥一生，即使到頭來失敗了，你的一生仍然是有價值的。

求穩怕亂、懼怕失敗、不冒風險、平平穩穩地過一輩子，這樣雖然可靠，雖然平穩，雖然可以保住一個「比上不足比下有餘」的人生，但那是一個懦夫的人生，一個無聊的人生。令人遺憾之處在於，你葬送了自己的潛能。你本來可以有機會摘取成功之果，享受成功的喜悅，可是你卻甘願把它放棄了。與其造成這樣的悔恨和遺憾，不如勇敢地去闖蕩和探索；與其平庸地過一輩子，不如放手一搏。

成功是人人嚮往的，但成功之後並不是什麼問題都沒有了，成功有時也會給人帶來嚴重的障礙。美國著名心理學家和心理治療醫生卡瑟拉，講了這樣一個病例：在某屆奧斯卡金像獎頒獎儀式次日凌晨3點時，她被奧斯卡得主克勞斯從沉睡中喚醒。克勞斯認為他所獲得的成功「是由於碰巧趕上了好時間、好地方，有真正的能人在後邊發揮了作用」的結果。他不相信自己獲得奧斯卡獎是多年努力和勤奮工作的結果。儘管他的同事公認他在專業方面是最佳的，但他卻不相信自己有多麼出色和創新的地方。克勞斯進門後舉著一尊奧斯卡獎的金像哭著說：「我知道再也得不到這種成績了。大家都會發現我是不配得這個獎的，很快都會知道我是個冒牌的。」

卡瑟拉認為，這是由於缺乏平常心而引起的。除此之外，成功有時還會給人帶來自大自負的消極後果。有的政治家取得一連串成功後，因過分自信而造成重大失誤；有的作家寫出一兩本佳作後，再無新作問世。有人對美國的43位諾貝爾獎得主做了追蹤調查，發現這些人獲獎前平均每年發表的論文數為5～9篇，獲獎後則下降為4篇。造成這些現象的原因固然很多，但不能正確看待成功，不能說不是一個重要原因。只有那些不斷超越成功的人，才能不斷取得偉大的成功。牛頓把自己看作在真理的海洋邊撿貝殼的孩子；愛因斯坦取得的成績越大，受到的稱譽越多，就越感到無知，他把自己所學的知識比作一個圓，圓越大，它與外界空白的接觸面也就越大。

松下幸之助曾說：「不怕失敗，只怕工作不努力，態度不認真。只要你專心工作，即使失敗也會有心理準備，當再度從失敗中站起來時，心中必已獲取了有助於日後成功的資料。」

每一次失敗，都是一次超越的機會，逃離失敗，躲避失敗，就會把一個人的活力與成長力剝奪殆盡。所以，失敗是超越自我的重要推動力，沒有失敗過的人，是從來沒有成功過的人。

在工作中，無論面對怎樣的失敗，人都需要快速地將其擺脫，不斷超越自我。在完全調動起力量的時刻，人才能達到創造的高峰，因此，應該拋棄以成敗論英雄的偏見，著眼於充分發揮自己的潛力，著眼於在奮鬥的過程中實現自我價值。這樣失敗才會成為前進的基石。蘇聯作家佩克利斯指出：「人的偉大和強大正在於人能調動起自己體力、智力和情感上的潛力，始終不渝和一往無前地戰勝一個又一個困難。而且，困難越大越複雜，就越能調動潛力的積極性，人的力量也就能得到最大限度的發揮。」所以，無論是在生活還是工作中，當我們遇到阻礙或暫時失敗，不要放在心上，要以平常心看待一切，只有這樣才能超越失敗取得成功。

「心理鐘擺規律」就是指在特定背景的心理活動過程中，情緒等級越高，呈現的「心理斜坡」就越大，因此也就很容易向相反的情緒進行轉化，即如果此刻你感到非常興奮，那相反的心理狀態極有可能在下一時刻不可避免地出現。

心理鐘擺實際上就是強大的心理落差，一個人的心理落差太大，就會產生消極作用，那麼要克服這種「心理鐘擺效應」，我們就要做到：

1、要消除一些思想上的偏差。

人生不能總是高潮，生活也不可能永遠是順利的。因此面對生活的一切，我們不要大起大落。

2、人應該學會體驗各種生活狀態的不同樂趣。

就要讓自己能在激蕩人心的活動中體驗熱情，又能在平常的生活中享受悠然自得。只有這樣，我們才能在發生較大轉換時，避免心理上產生巨大的失落感。

3、要加強對情緒的調控作用。

在快樂中，讓自己保持適度的冷靜和清醒。而當轉入情緒的低谷時，要盡量避免不停地對比和回顧自己情緒高潮時的「激動畫面」，把精力釋放到平和當中去。

改變自己勝於苛求環境

美國小說家塔金頓常說：「我可以忍受一切變故，除了失明，我絕不能忍受失明。」可是在他60歲的某一天，當他看著地毯時，卻發現地毯的顏色漸漸模糊，他看不出圖案。他去看醫生，知道了殘酷的事實：他即將失明。有一隻眼差不多全瞎了，另一隻也如此，他最恐懼的事終於發生了。

塔金頓面對最糟糕的環境會如何反應呢？他是否覺得：「完了，我的人生完了！」完全不是！令他驚訝的是，他很愉快，他甚至發揮了他的幽默感。有些浮游的斑點妨礙了他的視力，當大斑點晃過他的視野時，他會說：「嗨！又是這個大傢伙，不知道它今早要到哪兒去！」

完全失明後，塔金頓說：「我現在已經接受了這個事實，也可以面對任何狀況。」為了恢復視力，塔金頓在一年內不得不接受12次以上的手術。要知道手術只能採取局部麻醉！他會抗拒它嗎？他瞭解這是必需的、無可逃避的只有接受現實。他放棄了私人病房，住在普通病房。他想辦法讓同房的病友們高興一點。

當他必須接受手術時，他提醒自己是何等幸運：「多奇妙啊，科學已進步到連人眼這樣精細的器官都能動手術了。」

塔金頓說：「我不願用快樂的經驗來交換這次的體驗。」他因此學會了接受，相信人生沒有任何事會超過他的容忍度，他也重新認識一個人適應環境的能力到底有多強。

松樹無法阻止大雪壓在它的身上，蚌無法阻止沙粒磨蝕它的身體，但松樹可以彎曲自己，蚌可以包裹沙子，學會適應環境，這是一種生存的技巧，人類作為萬物的靈長又怎能屈居於這些小生物之下？正如席慕蓉所說：「請讓我們相信，每一條所走過來的路徑都有它不得不這樣跋涉的理由，每一條要走下去的前途都有它不得不那樣選擇的方向。」我們也許沒有選擇的權利，但我們有改變自己的能力。

所以，在工作中當我們遇到一時難以抉擇的困境，與其苛求環境改變，不如先試著將自己改變，這樣才能儘早走出困境，使工作有所起色。

人生就像一條大河，你無法改變水流的方向，也無法控制水流的速度。你只有兩種選擇，要嘛向前，要嘛後退。

每年的七月份，非洲大草原的水牛就會浩浩蕩蕩地組成兩百萬之眾的洪流，向溫暖的北方遷徙。牠們強渡馬拉河，前赴後繼，毫無懼意，與鱷魚的血盆大口和湍急的河流展開殊死的搏鬥。

死亡不可避免，成千上萬隻水牛為了跨過大河，找到更新鮮的草場，在這裡丟掉了生命。悲壯的遷徙已經持續了幾百萬年，現在和未來仍將繼續。

是什麼讓牠們如此的執著和從容？

牠們無法改變環境的變化。為了生存，水牛選擇了改變自己。牠們有四條腿，可以避開條件惡劣的地方，始終向著溫暖的地方行進。

越是偉大的人物，他所面對的環境和形勢就越糟糕，但正因他認清了問題的本質不在客觀，而在主觀，所以他們才透過自身的改變和努力，取得了成功。

當外在的條件無法改變的時候，我們為什麼不試著改變一下自己！工作不能光憑興趣，更重要的是責任。所有能幫助我們成長的工作，哪怕是自己不喜歡的，也值得我們去付出百分之一百的努力。

沒有任何一家公司、單位是為我們量身訂製的，每個單位總有與我們的期望不一樣的地方。反思我們自己，固然可能有不少好的甚至優秀的東西，但是，我們也可能有不少缺點，甚至有致命的毛病。那麼，我們有多少理由抱怨和挑剔呢？

只想公司無條件滿足自己所有的需求，收穫的只可能是失望，結局要嘛換一份工作從頭開始，要嘛就是對現有的工作失去熱情，馬馬虎虎應付了事。相反，如果能夠先改變自己，主動去適應公司，結局可能就完全不一樣。

低是高的鋪墊，高是低的目標

很多人聽過交響樂。演奏的現場，管樂與小提琴手總是默契配合著，大提琴也會時不時地加進彈奏的隊伍，只有大號手，一直坐在那裡不動。演奏馬上要結束了，觀眾們就要對大號手失望了，可是就在最後的三分鐘裡，大號手終於吹出了震耳欲聾的聲音，讓整個音樂廳都為之顫抖。三個小時的演奏，大號手的表演不到三分鐘，然後就默默地離開了。

有人說：「大號手要做的事情就是在一直數著拍子，然後吹出那一聲響，那一聲響可不是誰都能吹出來的啊。」沒錯，只有能夠忽略自己位置的人，才能留下最美妙的音樂。只有能夠耐得住寂寞的人，才能在事業上創造奇蹟。

「低是高的鋪墊，高是低的目標」，對於那些已經處在事業金字塔頂端的人，你只要去研究他的經歷就會發現：他們並不是一開始就「高人一等」、風光十足的，他們也曾有過艱難曲折的「坐冷板凳」的經歷，然而他們能夠端正心態、不妄自菲薄、不怨天尤人；他們能夠忍受「低微卑賤」的經歷，並在低微中養精蓄銳、奮發圖強，然後才攀上人生的巔峰，享受世人對他們的尊崇。

在人的一生中，總是有一些事情，雖非心甘情願，卻也無可奈何。正如每一條所走過來的路徑都有它不得不這樣跋涉的理由，每一條要走上去的路途也都有它不得不那樣選擇的方向。逆來順受是一種無奈，卻也是人生的必修課。

歷史上最有名的死亡，除了受難的耶穌外，就是蘇格拉底。雅典市內的一小撮人——羨慕與嫉妒蘇格拉底的人——控告蘇格拉底，他受審並被判了死刑，當和善的獄卒把毒酒交給蘇格拉底時說：「請飲下這必飲的一杯吧！」

蘇格拉底果然如此，他平靜柔順地面對死亡，顯示了他人性中最為高貴的一面。有的時候，逆來順受並不是一種懦弱，而是內心最為和諧的聲音，是一種人世間包容一切的偉大心態。同樣，在今天這個紛擾的世界中，在競爭激烈的職場中，在我們不得已置身各種處境中時，記住這句話：「請飲下這必飲的一杯吧！」然後，卸下你沉重的行囊，奔赴遠方陌生的前途。

日本著名科學家系川英夫在他所著的《一位開拓者的思考》一書中，講了一段極富哲理的話：「人生的重挫酷似遊客翻船，為使身體不致被水流動所產生的吸力緊緊地吸附於船底，造成窒息性死亡，就要在落水後借助墜落的勁兒蜷縮身體一沉到底，然後再順著水流浮出水面，以求擺脫葬身魚腹的命運。」

這裡的「蜷縮身體」、「一沉到底」，看上去好像非常卑微，一副無所作為、聽天由命的樣子，其實是最好的求生之道。如果不顧客觀實際，落水之後就拚命地胡亂撲騰，那只能是事與願違，落得個葬身魚腹的下場。

同樣的道理，當人生處於逆境時，如果硬要違背客觀規律，非要蠻幹硬頂，結果不僅無助於事情的解決，反而會加劇事態的進一步惡化。按照系川英夫的觀點，逆境之中最關鍵的就是順應所處的環境並暗中積蓄力量。這一點恰好暗合「韜光養晦」的道理。

有一個有趣的「蘑菇定律」，是形容年輕人或者初學者的。意思是這樣的：剛入職場的人處境很像蘑菇，被置於陰暗的角落，他們或者被放在不受重視的部門，或做著打雜跑腿的工作。澆上一頭大糞，這裡的大糞指的是無端的批評、指責、代人受過等等，任其自生自滅。

相信很多人都有做過「蘑菇」的經歷，但這不是壞事，做上一段時間的蘑菇，我們的浮躁和不切實際就會消失，從而讓自己變得更加現實。

在工作中，誰都希望能得到上司的重用，誰都希望公司能把最重要的工作交給自己完成，但並不是每一個人都能如願以償。一般來說，那些懂得做蘑菇的人更容易得到上司的青睞，而那些心浮氣躁、眼高手低的員工，則常常被排斥在重用的大門之外。究其原因，一方面，一個公司擔心他們不具備過硬的業務能力，不足擔當重任；另一方面，公司也認為，此類人太過浮躁，難當大任。所以，涉世之初，我們不妨沉下心來，安安心心做一次蘑菇。

自輕容易，再想抬高就難

相傳，在德爾斐的阿波羅神殿刻有三句箴言，其中最有名的一句就是「認識你自己」。我們總是看別人能看得清楚，看自己卻總是看不分明，就像蘇東坡的那句詩「不識廬山真面目，只緣身在此山中」。

我們每一個人都是獨一無二的，都有著各自的長處與短處，優勢與劣勢。剛入社會的年輕人，有時候會受就業的形勢還有現實工作環境的壓力影響，漸漸地被磨掉銳氣，忽視了自己身上的長處與優勢，卻總是困擾於自己的短處與劣勢，老是覺得自己這也不足，那也不足，這種知不足的心態是好的，但也可能會讓我們變得過度的謹小慎微，惟恐自己犯錯誤，無論做什麼事情都小心翼翼，誠惶誠恐，當有挑戰機會時，內心總認為自己能力還不夠，惟恐將事情搞砸，因此，常常白白錯過了發展的機會。深究起來，這一切都是因為我們沒能看清自己，反而是看輕了自己。

看輕了自己，就很容易妄自菲薄，總是說「這件事我做不了」、「我真的不行」之類的話，久而久之，就形成了一種消極的心理暗示。連自己都不相信自己，那麼別人又怎能相信我們呢？看輕自己非常可怕，會讓自己真的什麼都不敢做，什麼都做不來，最終被別人輕視。

「我很重要」，即使自己做的只是像清潔這樣的簡單工作，即使自己缺乏獨當一面的能力與實力，可是自己依然很重要。這是一種對自己的清晰認識和自信肯定。不輕視自己，才可以讓一個人的潛能得到極大的釋放，才能調動起積極性，創造出超越平常的成績。一個時刻相信「我很重要」、「我行」的人，他的心態充滿了自信，他的行為充滿了力量。如果一個人總是認為自己弱小無能，總是覺得自己技不如人，那麼他永遠會是這個社會的弱者。只有堅定地相信自己，能看清自己身上的閃光點與潛力的人，才能真正實現自己的價值。

謙虛謹慎，這種從小接受的教育，這種自古以來的文化傳統，即使是在我們長大成人，步入社會後，仍然深深影響著我們。很多人都記著「槍打出頭鳥」，不敢太張揚，更習慣於把自己的潛能埋藏起來，做一個不表露野心的安分人。然而，總是「藏著掖著」，會變成一種習慣。別人看好你，想將一項很能鍛鍊人、很能考驗人的挑戰性任務交給你，你卻忙不迭地往回縮，一個勁地說「我可能不行吧」、「我恐怕做不好」，那麼，久而久之，人家會覺得你或許真的不能勝任，缺乏能力與實力。還有的人，他們的能力是眾所周知的，可是每每遇到事情他們如果還老是說「這個我做不來」的話，非但不會給人謙虛之感，反而會讓人覺得很虛偽、很矯情。

過於謙虛，時間長了，即使有你完全能夠做得來的任務和機會，別人也未必會考慮你了。你會發現，自己空有學歷、能力，卻沒有用武之地、用武之時，更讓人覺得遺憾的是，這種後果還是自己一手造成的。這就是過度謙虛的惡果，謙虛過頭了，就等於是把自己的競爭力給抹殺了，把自己給埋沒了。

對壓力心存感激

物競天擇，適者生存。社會的競爭是激烈的、殘酷的。我們都在為夢想不停奮鬥著，因此我們有了競爭對手，從此壓力如影隨形。壓力可怕，但我們應該感謝壓力，壓力可以讓我們更快地成長，取得更大的成就，並且讓經過壓迫的心靈更加懂得珍惜生活的美好。工作中的情況是千變萬化的，只準備一個方案永遠不夠，事先要瞭解任務的全部過程，並設想可能遇到的各種問題，多準備幾套應急方案，當你胸有成竹的時候，壓力就能成為你進步的催化劑。

生活中，不少人畏懼壓力、逃避壓力。其實，壓力也是一種動力。俗諺說「人無壓力輕飄飄」、「人無壓力不成材」。正視壓力，與壓力共處，正是強者的選擇。

強者能夠在壓力之下，越來越磨礪自己，就好像長在岩石間的樹，總是特別蒼勁；沙漠裡的種子，遇到一點兒水分就能快速萌發；極地的苔蘚，可以經歷長期的乾燥寒冷依然存活。不平凡的遭遇常能造就不平凡的人生。

順利的境遇，優越的地位，富足的資財，舒適的生活，似乎應該是個人、家庭以至民族發展的有利條件。

但歷史和現實的經驗卻一再告訴我們：從來紈絝少偉男。在中國五千年的文明史上，我們看到名門望族走馬燈般地替換，家運五代不衰便成為治家有方的美談。清朝的八旗子弟就是最好的例子，這個馬背上的民族曾是驍勇剽悍的，但成了統治階層後，不過幾代，八旗子弟就沉醉於安樂享受之中，清朝的滅亡也隨之來臨。

相反，苦難、逆境，甚至生理缺陷反而產生和造就了一些偉大人物。凱撒、亞歷山大、羅斯福都是如此。心理學家認為，壓力是每個人生活中不可缺少的一部分，壓力的刺激，能使人振作。

生活如同一輛承載著你不斷奔馳前行的列車，當它順利前進時，你可以盡情欣賞窗外的美景，享受無窮的樂趣。但是一旦這輛列車失去控制，不幸出軌，將會給你的人生帶來種種的麻煩與苦痛。

現代社會生活節奏日益加快，生活內容不斷變換，讓人們不得不緊隨節奏而轉變自己。而無暇顧及到生活的各方面。堆積如山的工作，以及由於競爭而導致的工作不穩固性，致使人們猶如泰山壓頂，不堪重負。隨意而有害的飲食，以及失調的作息規律等不健康的生活方式，往往讓人們體力不支，精神萎靡。不和諧的家庭關係，不僅在忙碌一天之後得不到愛的溫暖，還要耗費最後的一點力氣來應對種種的家庭危機……凡此種種，都是導致我們生活失控的原因。

生活的失控不只是令你不快，更是一種不幸，當你的生活失去了控制，你的人生也會因此而陷入被動的局面。為了避免不幸，為了取得人生的主動，你必須讓生活變得均衡起來，即把事業、家庭、健康三者結合起來，三位一體，不要偏重某一方面，也不要忽略某一方面，這樣才能達到完美的人生。

終結拖延症

「打開電腦，聊天、流覽網頁、玩玩遊戲或看看視頻，工作還沒開始做，半天就過去了。」有同樣經歷的職場人不在少數，這部分人的日常工作大多離不開電腦，每天的工作幾乎都從啟動電腦、登錄網路開始，卻常常被網路資訊「誘惑」，從而把該做的工作推後、拖延。

信息量龐大、更新換代快、沒有時間限制、可供消遣娛樂或打發時間的網路已成為不少職場人逃避工作的藉口，被職場人認為是「拖延症」的罪魁禍首之一。

工作上曾遭遇過重大挫敗，對自己不夠自信的人，容易產生逃避心理，常以疲勞、狀態不好、時間不足等藉口來拖延工作進度。這部分職場人實際上很在意別人如何看待自己，他們更希望別人覺得他時間不夠、不夠努力，而不是能力不足。

對每一個渴望有所成就的人來說，拖延是最具破壞性的，它是一種最危險的惡習，它使人喪失進取心。一旦開始遇事拖延，就很容易再次拖延，直到變成一種根深蒂固的習慣。

拖延會侵蝕人的意志和心靈，消耗人的能量，阻礙人的潛能的發揮。處於拖延狀態的人，常常陷於一種惡性循環中，這種惡性循環就是：「拖延——低效能工作+情緒困擾——拖延」。

今天該做的事拖到明天完成，現在該打的電話等到一兩個小時以後才打，這個月該完成的報表拖到下個月，這個季度該達到的進度要等到下一個季度。凡事都留待明天處理的態度就是拖延，這是一種明日待明日的壞習慣。

令人懊惱的是，我們每個人在工作中都或多或少、或這或那的拖延過。拖延的表現形式多種多樣，其輕重也有所不同。比如：瑣事纏身，無法將精力集中到工作上，只有被上司逼著才向前走，不願意自己主動去落實工作；反覆修改計畫，有著極端的完美主義傾向，該實施的行動被無休止的「完善」所拖延；雖然下定決心立即行動，但總是找不到行動的方法；做事磨磨蹭蹭，有著一種病態的悠閒，以致問題久拖不決；情緒低落，對任何工作都沒有興趣，也沒有什麼憧憬。

職場「心理缺氧」是大部分職場人都會遇到的問題，只不過有輕重和時間長短之分。「缺氧」的原因很多，有對工作本身的厭倦也有對工作環境的厭倦。

最「缺氧」城市是臺北。最「缺氧」行業是IT業，其次是金融業和建築行業。「工作壓力使個人腦力與體力透支」成為評判行業「缺氧」的最重要因素；「工作導致作息時間不正常，沒有休息」是第二大行業「缺氧」因素；位列第三的是「行業技術變化太快，知識更新迅速」。「公司搞派系，相互鉤心鬥角」、「緩慢的辦事效率」和「老闆個人獨斷專行或是個偏執狂」這三大因素依次是公司「缺氧」的重要點。

再一帆風順的人生，也不會事事如願，總會有令人緊張、感到壓力的時候。更何況人生在世，難免會遇上一些困難、挫折和打擊。

所以，當你徘徊不前而手足無措的時候，你要意識到你正在拖延工作。徘徊是因為害怕這個事情可能發生的後果需要自己承擔或應付。工作的時候需要一種起碼的自信，相信自己有能力，不管下一步是什麼狀況，我都能把它引導到我需要的那條線上去。另外，告訴自己，不要想太多時間，如果不知道，就趕快求助，或想辦法，苦惱和憂慮會給你更多的壓力也會把剩下的時間蠶食殆盡。

另外，切記：永遠不要想，我知道了，先把上司派的事情放一下，等這集連續劇看完再說。90%的情況下，你會忘記，或者來不及，因為這件事需要比你原先想像要更多的時間。說做就做，一直是很好的習慣。

如何穿越職場的「黑色隧道」

開車走過山路的人，都會對黑色隧道有深刻印象。它們往往是整個路途中不可避免的部分，也是通往目的地的必經之地。然而進入隧道後，心理上都會有明顯的不適應。光線昏暗，信號減弱，前路不明……因而每一次穿越隧道，從人的心理上說，都是希望用儘快的速度走完隧道那段路，重見光明。

人在職場，稍微待上一些年頭，就會發現同樣也會遭遇極為類似的「黑色隧道」。短則數年，長則幾十年，在工作上難免在不同的時間、不同的境遇中面臨壓力，失望、迷惘等負面情緒也常會伴隨左右，那種不適感就如同駛入了山路中的「黑色隧道」。

愈是職場的老手，愈是對他人的「嫉妒心」所發動的惡意攻擊和職場上遇到的各類難題、痛苦習以為常。如果再冷靜一點，他們連情緒都很少受到影響！經歷了職場上的種種起承轉合，看到或經驗到種種不同形態的競爭（無論是正直的或是惡質的競爭），終於學習到，在職場要與各種你喜歡或不喜歡的交手，與其說這是一種忍耐，還不如說這是每天都必須經歷的遊戲。

也許需要經歷一些失望及驚訝、幾次痛苦，才能創造出未來不為職場困擾的實力與成熟度，而這可是最可貴的一種收穫呢！

寬闊草原上住著一對獅子母子。一天，小獅子問媽媽：「媽媽，幸福在哪裡呀？」

「幸福，它就在你的尾巴上！」

於是小獅子開始跑啊跳啊，做著各種動作，想要抓住自己的尾巴。可是，無論牠如何努力，都無法抓住尾巴上的幸福。

獅子媽媽笑了：「寶貝，你只要昂首闊步地向前走，幸福就會緊緊地跟著你！」

我們的職場幸福感在哪裡？它也是小獅子的尾巴嗎？

真正的智者，總是站在有光的地方。太陽很亮的時候，生命就在陽光下奔跑。當太陽熄滅，還會有那一輪高掛的明月。當月亮熄滅了，還有滿天閃爍的星星，如果星星也熄滅了，那就為自己點一盞心燈吧。無論何時，只要心燈不滅，就有成功的希望。

心裡裝著哀愁，眼裡看到的就全是黑暗。拋棄已經發生的令人不愉快的事情或經歷，才會迎來新心情下的新樂趣。

俄國詩人普希金說，假如生活欺騙了你，不要憂鬱，也不要憤慨。我們的心憧憬著未來，現今總是令人悲哀，一切都是暫時的，轉瞬即逝，而那逝去的將變為美好的。如果我們需要承受所有的挫折和顛簸，就要學會化解與消釋所有的困難與不幸，這樣我們才能夠活得更加長久，我們的人生之旅才會更加順暢、更加開闊。

印度瑜珈大師帕拉馬漢薩．尤迦南達說：「世界上有這麼多可愛之處，為什麼只盯著陰溝裡的污水呢？任何偉大的藝術品、音樂和文學作品中都可能有瑕疵，但是我們只欣賞其中的魅力和奇妙之處不是更好嗎？」

能夠保持積極的心境是一門生活的藝術，你是用積極、樂觀的思維方式看世界，還是用消極、悲觀的想法迴避現實世界？同樣的事物，以不同的態度、方法去對待，結果自然也就完全不同，這就看你自己的行動了。

不聊「禁忌話題」

金魚缸是玻璃做的，透明度很高，不論從哪個角度觀察，裡面的情況都一清二楚。「金魚缸效應」也可以說是「透明效應」。如果告訴你，你的辦公室就是一個透明的金魚缸，辦公室內沒有密不透風的強，你會不會馬上提高自己的警惕？

不過事實就是如此，辦公室裡沒什麼密不透風，也沒什麼堅不可摧。如果我們不想讓自己被別人看得太透，不想成為別人隨便拿捏的對象。我們就要正視這些「潛規則」，不要讓自己完全透明，不要推心置腹把自己的心事全部告訴你的同事。因為，你的私事就像是一顆地雷，告訴了同事，這顆地雷就有隨時引爆的危險。

身在職場最重要的是管住自己的「嘴」，要懂得在什麼場合應該說什麼場面話，要懂得什麼話可以說而什麼話是絕對不可以說，尤其是某些職場禁語還是應該牢記在心，畢竟，祖輩教育的「禍從口出」是絕對有道理的。那麼，在職場到底有些什麼樣的禁語呢？

◎千萬別議論老闆的隱私問題。
◎別把個人的問題帶到辦公室。
◎老闆交代的工作千萬別說「NO」。
◎別跟老闆討論自己薪水問題。
◎別打探同事的薪水福利水準。
◎別談論個人家庭的絕對私密。
◎要學會低調做人高品質做事。
◎要善待自己身邊的每位同事。

現在有個名詞叫「保密焦慮症」，說的就是白領在辦公室裡產生的一種因為有難處而無法流暢地表達自己的焦慮症。一項關於「保密焦慮症」的網站調查中，近半網友坦言在辦公室聽過或講過秘密，也曾為保守「秘密」而焦慮不安。在「辦公室最常聽到的秘密是什麼類型」這個問題中，「揭別人的短處」以42％的比例排名第一。

大家應該盡量使自己在每一方面都恰如其分，恪守固定的話語規則，不逾矩。比如，有些話不能對父母說，有些話不能對同學說，有些八卦只能和陌生人分享。每個人都有隱私，大部分隱私屬於個人秘密。

小人們多見縫就鑽、有機就乘，你的秘密或許就是他們要鑽的縫隙，防範小人，首先重在識別，如果識別不出來，那就盡量管好自己的隱私，千萬不要把同事當心理醫生。有些同事喜歡打聽別人的隱私，對這種人要「有禮有節」，不想說時就禮貌而堅決地說「不」。千萬不要把分享隱私當成打造親密同事關係的途徑。適當地保護自己的隱私也是保護自己的前程和交際安全、生活穩定。要知道，世界上的事情沒有固定不變的，人與人之間的關係也不例外。今日為朋友，明日成敵人的事例屢見不鮮。你把自己過去的秘密完全告訴別人，一旦感情破裂。對方不僅不為你保密，還會將所知的秘密作為把柄，到時後悔也來不及了。

千萬別覺得自己比誰都聰明，急不可耐地要在某些事情上挑大樑，這樣只會讓自己迅速被劃到不可靠的行列中，以後想翻身都難。而那些事實上終有所成的人，通常都顯得比較低調。

開會的時候，低調的人不先表態，等上司先發言定了調再跟著走；一件事情，有些人就算很有主意也不先亮出來，等到該你這一級說話的時候再表現；一個場合，該你出現的時候少了你不行，不該你出現的時候你卻赫然其中，多少讓人覺得不識趣……

開口說話之前，先低頭看看你的身分，如果不那麼匹配，乾脆先不說。不說的時候，沒人注意你沒說，一旦說了，想讓人不注意你都難。

上司不能怨，也怨不起

工作中，有很多人經常怨天尤人，可就是不在自身上面找原因。比方說，自己創不出業績，就埋怨老闆給的薪水少，沒動力；沒有坐上自己想要的位子，就埋怨老闆不重視自己。

實際上，一個人失敗的原因是多方面的，他們只想著從別人身上找原因，唯獨不從自己身上找原因。結果時間一長，他們的抱怨越來越多，業績卻越來越少，業績少，老闆更不重視他們。於是，他們只能活在「抱怨多—業績少—老闆不重視」的惡性循環裡。

海格力斯效應來源於希臘的一個神話：希臘神話故事中有位大力士叫海格力斯。有一天，他走在路上，看見腳邊有個像袋子的東西，海格力斯覺得這個袋子很難看便踩了那東西一腳。哪想那東西不但沒被海格力斯踩破，反而膨脹起來，並成倍成倍地加大，這簡直激怒了英雄海格力斯。海格力斯順手操起一根碗口粗的木棒砸那個怪東西，沒想到那東西竟膨脹到把路也堵死了。海格力斯奈何不了它，正在他納悶時，一位聖者走過來對他說：「朋友。快別動它了，它叫仇恨袋，忘了它，離它遠去吧。你不惹它，它便會小如當初；你若侵犯它，它就會膨脹得更大與你敵對到底。」

海格力斯效應實際上是一種人際間或群體間存在的冤冤相報、致使仇恨越來越深的社會心理效應。仇恨就好像是海格力斯所遇到的袋子，起初很小，如果你忽略它，矛盾就會很快化解，最後自然消失；如果你與它過不去，它會加倍地報復。

同樣，在職場上，如果一個人怨恨自己的同事，那麼他就會得到同事的報復；但是如果一個人怨恨自己的上司，那麼他得到的就是毀滅性的報復，這無疑等於把自己逼進了死角。

怨，就是不滿；恨，就是憎恨，因不滿而憎恨。「怨」和「恨」都是一種不滿的心理。所以，我們可以說，不滿生怨恨，但是，怨的不滿程度要輕一些，恨的不滿程度要深一些。

不滿，就是不滿足，對現實的不滿，對自身境遇和遭際的不滿。怨恨者的不滿，是因為他們認為：本來應該……但是卻沒有……或者本來不應該……但是卻發生了……

所以，被傷害的感覺、不滿的情緒，產生於某種先行的觀念。在沒有平等觀念之前，比如古代中國，主人對待奴僕的役使，奴僕一般是不會產生怨恨情緒的，因為他們認為那是理所應當的。但是，自從有平等的觀念，如果某人再對其他人像對待奴僕一樣隨意使喚，被役使的人就會覺得受到了心理傷害。雖然可能出於某種現實的利害考量，不滿情緒被壓抑下來，暫時不會發作，但卻積澱為怨恨的心理。被壓抑下來的情緒總會尋找出口的，總有一天會整個爆發。怨恨導致革命的發生，也正是這樣的（群體）心理機制。

現在有些白領不是積極地去工作，而是把上司對自己的高要求和期待當作對自己的刁難，這樣，自然就會產生怨恨，比如，「上司太變態了，總是刁難別人……」

要超越上司和周圍同事的期待，首先就要學會站在對方的立場上看問題，只有這樣，才能知道對方對自己有什麼樣的期待。只有知道了這種期待，才能滿足甚至超越這種期待。如果超越了上司和同事的期待，不僅工作會自然地變得快樂起來，也會為自己的職業發展帶來更多的機會。

星期症候群「炒」了你

星期一 Monday= 忙 day

人們從星期一到星期五，分秒必爭，聚精會神於工作和學習，形成了與學習和工作相適應的「動力定型」，把與工作和學習無關的事置之度外。輪到雙休日，這些被置之度外的事又被提上議事日程，而且必須處理。這樣，雙休日就成為格外忙碌的日子。有的忙於繁雜的家務，裡裡外外，勞碌奔波；有的則趁雙休日玩個痛快，逛商店、遊公園、看錄影帶，特別是那些牌迷和網蟲，更是夜以繼日；有的則是利用雙休日走親訪友，或家人團聚等等，不一而足。這兩天，把原來建立起來的工作與學習的「動力定型」破壞了。待到雙休日過後的星期一，必須全身心重新投入於工作和學習，即必須重新建立或恢復已被破壞了的「動力定型」，這就難免出現或多或少的不適應，即所謂「星期一症候群」。

星期二Tuesday=求死day

長期以來，人們之所以認為星期一最糟糕，是因為他們在週末盡情玩耍休閒，到了星期一「玩心」還沒完全收回來，於是，工作時精力難集中，上班時登錄社交網站欣賞週末聚會照片等，稀裡糊塗地「混過」了星期一。之後發現，星期二不得不面臨「更嚴峻」現實：首先必須完成星期一拖延下來的很多工作；其次必須安排好整個一周的工作任務。調查顯示，近半數英國上班族感覺一周中第二個工作日的晌午時分，壓力最大，而且工作壓力會持續到一天工作結束。另外，調查還發現，一周之中，星期二中午加班的可能性最大。

星期三Wednesday=未死day

不少上班族發現，每逢星期三，都需要經過一番掙扎才肯去上班。其實，這種反應很正常。美國一所大學在過去4年中，對240萬個網路博客及美國總統歐巴馬也在使用的微博客「推特」（twitter）的公共網頁留言進行了深入統計研究。他們最後發現：星期天人們的心情最為舒暢，「博主」們常在這一天書寫他們愉快的星期六夜晚。但是到週三，人們常會感到工作壓力增大，情緒最為低落。專家說，其實人們很早前就已經注意到了週三職場人士情緒低落、壓力感增大的問題，所以部分心理專家稱之為「週三症候群」。

星期四 Thursday= 受死 day

每到星期四就無端地憂鬱、煩躁、疲憊起來，我們將之稱為「星期四症候群」。因為連續工作三天有餘了，身心疲憊，精神渙散，一般一周工作中星期四的狀態最難熬的。其實，在「高壓」的現代職場，經過了幾天的連續緊張，出現逃避、厭倦等情緒是正常的心理反應，白領們無須過於擔憂。但是，如果任憑這種消極情緒發展，則可能影響工作進展。

星期五 Friday= 福來 day

所謂「週五症候群」，說到底是一種倦怠、懶散、無心工作的低效率狀態。不少白領反映，週五一到，自己就不知不覺懈怠了。雖然人在上班，滿腦子想的卻都是週末的休息計畫。哪怕還有未完成的工作，也找不到做事的動力。不僅工作效率極差，甚至出現莫名的煩躁、易怒，或者頭痛、胸悶等不適。

因此，學會時間管理，克服「週五懶散」很有必要。第一，可以把時間分成兩塊，上午快馬加鞭，盡量完成多半任務，下午就會輕鬆很多，煩躁情緒自然減少。第二，如果週五實在「心急」，可以讓身體動起來，比如跑業務、會見客戶等，既不耽誤工作，又不為難自己。第三，這一天不妨安排一些零碎、簡單的小事，比如整理單據、發快遞等，讓自己輕輕鬆鬆地「善始善終」。

星期六 Saturday= 散的 day

一到雙休日就產生抑鬱情緒，感覺煩躁不安，也叫週末症候群。「雙休日症候群」不僅屬於心理疾病，也是一種社會病，易受侵襲的群族多為出國人員、身處他鄉者、長期兩地分居的夫妻、離異獨居的女性、性格內向的年輕白領女性。一些特殊職業中也時有發生，如海員、員警等，星期天、節假日休息無規律，周圍環境不盡如人意，心中如果有不滿無處發洩，最後就會形成心理重壓。

「午餐恐懼症」：吃什麼、和誰吃

「午餐恐懼症」是網路盛行的流行詞彙之一，主要「症狀」表現為一些上班族在公司沒有員工餐廳的情況下要在外面吃飯，然而有些人常常在吃飯的時間選擇逃避，在該吃飯的時間並不感覺到餓，過了吃飯的時間反而感覺到餓才去吃。每到中午，不少學生、白領、公務員，甚至辦公室的打雜的工友都感嘆：「不知吃點什麼好，更不知道該跟誰吃。」

「午餐恐懼症」，不少職場新人都患有這種心理，這其實是「社交恐懼症」的一種表現，這些人總是感覺自己弱小，過分在意別人如何看待自己，進而產生恐懼感。該症的具體表現為：換一個新的環境，就覺得自己與他人格格不入，很難融入他人交際圈子，經常感到拘束、緊張，即使與他人聚在一起，也不願過多交流，導致人際關係變差。「午餐恐懼症」較多體現在一些性格內向、害羞的人身上。

有「午餐恐懼症」的白領應該建立一種積極的人生態度和樂觀的生活方式，勇敢地融入他人的交際圈，多與同事交流，敞開心扉，分享自己生活、工作中的喜怒哀樂。同時，同事之間也應該相互關懷，幫助性格內向的同事，發現身邊的美好事物，相互學習，共同進步。

「午餐恐懼症」其實與職場上的壓力有關。由於當今職場競爭壓力大，往往造成同事之間不信任，同時對自己不自信，因此，同事聚在一起時，不願意相互敞開心扉。他建議，患有「午餐恐懼症」的「上班族」不妨多做一些積極的心理暗示——對自己多一點自信，對同事多一點信任，對大家多一點真誠，一起吃一頓輕鬆暢快的午餐，其實是一件很開心的事。應該建立一種積極的人生態度和樂觀的生活方式，同時注意勞逸結合，不要太勞累，多鍛鍊身體，不要讓「午餐恐懼症」成為自己職業生涯中的一種負擔。

「便當症候群」一詞，就是指久吃速食、便當、快餐等食品會引發營養不良、貧血、口腔潰瘍、食欲減退等一連串症狀；有些比較嚴重的人甚至會產生心理障礙，一看到便當就想吐。

城市裡得「便當症候群」的白領愈來愈多，他們每日午餐以速食、便利食品和餐廳為主，餐廳經營者多利用濃厚的調味品，食材的新奇度也不高，常吃會對消化系統造成很大負擔。此外，過於吵雜的用餐環境等，都是造成「便當症候群」的因素。

久坐辦公室的白領屬於極輕體力勞動者，活動量小，基礎代謝慢，每日需要的熱量在25～30大卡/公斤，也就是說，一個體重60公斤的人，每日所需的熱量約1500～1800大卡。目前白領的午餐主要問題是營養結構不均衡。幾個人合夥一起上館子，點的菜往往只重口感，肉食偏多，過於油膩，其熱量基本上是夠了，但是營養結構卻十分不均衡。

午餐只吃八分飽。因為用餐後，身體中的血液要集中到胃來幫助進行消化吸收，在此期間大腦處於缺血缺氧狀態。如果吃得過飽，就會延長大腦處於缺血缺氧狀態的時間，從而影響下午的工作效率。可以多吃蛋白質含量高的肉類、魚類、禽蛋和大豆製品等食物，因為這類食物能使頭腦保持敏銳，對理解和記憶功能有重要作用。

遵循八十／二十法則做事

在日常生活中，那些無知的人只是忙於做一些與過上富有效率和成就感的快樂生活毫無關係的事情。他們宣稱自己沒有時間，卻能一天看幾個小時的電視；他們上班時打四、五個私人電話，與同事閒聊寒暄，然後在一天快結束的時候，抱怨自己還要加班。

如果你也是這樣的話，那可要小心了。因為完成了那些不值得做的事情是不會給你的生活帶來什麼成功的。只有集中精力完成那些值得去做的事情，才會為你的生活增添光彩。比方說，如果你業務的關鍵環節是給客戶打電話，那麼你就應該把自己的大部分注意力都集中在這件事情上。

花六個小時擦桌子、花五分鐘打電話，要比花一個小時打電話、花五分鐘擦桌子的效率的一比十還要少。在效率比較低的情況下，你的工作時間是六小時零五分鐘，而在效率高很高的情況下，你的工作時間僅僅是一小時零五分鐘。

時間問題處理的好壞程度，將決定你能把自己的工作和個人生活之間的衝突降低到什麼程度。處理好時間問題最重要的一點是，培養能讓你集中精力處理那些真正賺錢的項目和能使你得到滿足的事務能力。

因此，你要在可以利用的時間裡盡最大努力去工作，在最重要的事情上竭盡全力，而不要在不重要的事情上浪費精力。「學會在幾件真正重要的事情上力爭上游，而不是在每件事情上都爭取有上乘表現的人，可以使他們自己的生活發生根本的變化。」

令人驚訝的是，那些「老鼠級」的人物，總是把注意力集中在一些根本不重要的工作專案和活動上。如果你很活躍但卻不知道自己行為的真正目的是什麼，那麼你的活躍就是毫無意義的。無論何時，如果你為一些錯誤的事情而工作，那麼無論你做了多少都是毫無價值的。

如果說有某種必須遵循的法則能幫助你把生活調整到一個良好的平衡狀態，那麼它就是一百多年以前由義大利經濟學家帕瑞托發現的八十—二十法則。

八十—二十法則是指我們效率的八十%來源於我們時間和精力的前二十%。這讓我們只需從餘下的時間和精力中獲得二十%的效率就可以了。

因此，我們運用二十%的時間和精力就能得到令人矚目的回報。遵循這個法則能讓你擁有令人難以置信的強大威力。

實際上每個人都至少可以消除一些低成果活動。沒有人用最高的效率做事，從主觀上看，消除低成果的活動是困難的，但如果你下定了決心，它就是有可能的。

要學會辨別什麼東西能讓你得到的收穫遠遠大於投入，也要學會辨別什麼東西會讓你得到的收穫僅僅是投入的一小部分。我們的目標就是讓有巨大剩餘價值的領域所產生的成果最大化，並摒棄那些會產生巨大赤字的活動。

為了能讓你的生活運行得很好，你一定要在生活的各個方面都遵循八十—二十法則。你要消除那些對於你的收入、快樂或滿足感沒有什麼幫助的活動，努力進行那些可以真正改善你生活狀態的少數幾件事情，而且愈少愈好。

愚蠢的堅持毫無益處

在生活中，有這樣一些人，他們總想迫使別人接受自己的意見，因為他們總認為自己是對的。這種無意義的固執使他們沒有改進自己的餘地，也在通往成功的路徑上給自己設下了重重障礙，最終只會使自己等同於「一隻老鼠」。

「只有蠢人和死人永遠無法改變他們的意見。」那麼，什麼是「無意義的固執」呢？就是頑固地堅持已經毫無前景的目標而不思改變。

要做「一頭雄獅」，就應該及早摒棄這種無意義的固執態度。

當你確定了目標以後，下一步便要鑑定自己的目標，或者說鑑定自己所希望達到的領域。如果你決心做改變，就必須考慮到改變後是什麼樣子；如果你決定解決某一問題，就必須考慮到解決過程中可能遇到的困難。如果實在不行，一定要果斷地放棄。

當描述了理想的目標以後，你必須對達到該目標所需的時間、財力、人力的花費做一個客觀的考察，你的選擇、途徑和方法只有經過檢驗，才能估量出目標的現實性。你或許會發現自己的目標是可行的，這時，要學會量力而行。

固執己見是一種消極的癖性，心胸開闊才是應有的態度。前者會導致失敗與孤立，後者則是獲得成功與友誼的保證。

那麼，如何才能避免固執己見呢？只要肯聽聽別人的想法，你就可以做到。只要肯向別人伸出友誼的手，只要肯學習別人的長處，只要瞭解別人和我們一樣有獲得成功的權利，你就不會再堅持己見了。你內心的成功元素會再度展開活動，而內心的失敗元素自然就會偃旗息鼓了。

十九世紀美國詩人羅威爾曾這樣說：「只有蠢人和死人永不改變他們的意見。」換句話說就是只有那些善於變通的人，才善於堅持自己的目標，他們已經具備了成功的要素。

將下面兩個建議和你的毅力相結合，你期望的結果便更易於獲得。

告訴自己「總會有別的辦法可以辦到」

動物界的競爭是殘酷激烈的，但獅子總會找到捕捉獵物的好方法，牠們從不認為自己無能為力。對於困難，牠們總會想出更好的辦法來解決。

在美國，每年都有幾千家新公司獲准成立，可是五年以後，只有一小部分仍在繼續營運。那些半路退出的人會這麼說：「競爭實在是太激烈了，只好退出為妙。」

問題真是這樣嗎？這也許只是一個荒唐的藉口。要知道，真正的問題在於他們遭遇障礙時只想到失敗，沒有想過用別的方法去獲取成功。

你如果認為無法解決困難就真的找不到出路，你就一定要摒棄「無能為力」的想法。

先停下，然後再重新開始

獅子要捕捉奔跑速度極快的羚羊也許會很費力，但牠會把目標轉移到其他跑得慢的獵物身上，這樣可以較輕鬆地捕到獵物。當然，這並不是說獅子不夠專注，因為凡事都有一個度，這恰恰說明了獅子的選擇是明智的。

有些人卻不像獅子那樣，他們時常鑽進牛角尖而不知自拔，因而在許多事情上看不到新的解決方法。

成功者的秘訣是隨時審視自己的選擇是否有偏差，並合理地調整目標，放棄那些無謂的固執，只有這樣才能輕鬆地走向成功。

堅持固然是一種良好的品性，但在有些事上過度的堅持，必然會導致更大的浪費。因此，在做一件事情時，在沒有勝算的把握和科學根據的前提下，應該見好就收，知難而退。

有些事情，你雖然付出了很大努力，但你會發現自己卻處於一個進退兩難的地位，你所走的研究路線也許只是一條死胡同。這時候，最明智的辦法就是抽身退出，去尋找其他的成功機會。

在人生的每一個關鍵時刻，我們都應該審慎地運用智慧，做出正確的判斷，選擇正確的方向，同時不忘及時檢視選擇的角度，適時調整。要學會捨去無謂的固執，冷靜地用開放的心胸做出正確抉擇。每次正確無誤的抉擇都將指引你向更高的目標邁進。

許多人做事之所以失敗，不是沒有本事，而是定錯了目標。成功者為避免失敗，總是時刻檢查目標是否合乎實際，是否合乎道德標準的約束。

生命的意義就是改變。你每天的想法都會改變，道理很簡單，因為你每天都不一樣，而且每天的情況也不同，生命就是這個樣子。自然界也因四季的變換而依序向前發展。

想像一下，如果一棵樹在春天時固執地拒絕抽發新芽，如果一朵花固執地拒絕開放，如果一顆蔬菜或一粒果實固執地拒絕生長或成熟，那麼，世界會變成什麼樣子？

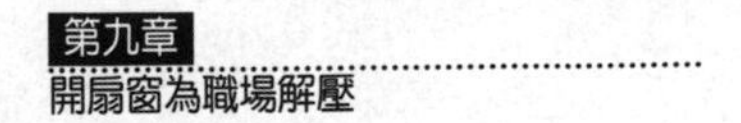
第九章
開扇窗為職場解壓

國家圖書館出版品預行編目資料

從菜鳥到老鳥：畢業五年決定你一生的成敗 / 胡剛 著
-- 一版. -- 臺北市：廣達文化, 2016.09
面 ; 公分. -- （文經書海：88）
ISBN 978-957-713-583-4(平裝)
1.職場成功法

494.35　　　　　　　　105015392

生活的本身就是一種美，一種美學
而不斷的學習是為了提昇自己
告訴自己如何能活的更美好

從菜鳥變老鳥

畢業5年決定你一生的成敗

榮譽出版：文經閣

叢書別：文經書海 88

作者：胡剛 著
出版者：廣達文化事業有限公司
Quanta Association Cultural Enterprises Co. Ltd
發行所：臺北市信義區中坡南路 287 號 4 樓
電話：27283588　傳真：27264126　　E-mail：*siraviko@seed.net.tw*

印　刷：卡樂印刷排版公司　　裝　訂：秉成裝訂有限公司

代理行銷：創智文化有限公司
23674 新北市土城區忠承路 89 號 6 樓　電話：02-2268-3489　傳真：02-2269-6560

CVS 代理：美璟文化有限公司
電話：02-27239968　傳真：27239668

一版一刷：2016 年 9 月

定　價：250 元

本書如有倒裝、破損情形請於一週內退換

書山有路勤為徑
學海無涯苦作舟

書山有路勤為逕
學海無涯苦作舟